U0318916

# 我国食用菌技术标准现状、问题及对策研究

李 贺 编著

黑龙江大学出版社

HEILONGJIANG UNIVERSITY PRESS

哈尔滨

**图书在版编目（CIP）数据**

我国食用菌技术标准现状、问题及对策研究 / 李贺
编著 . — 哈尔滨 ：黑龙江大学出版社，2019.5
ISBN 978-7-5686-0339-3

Ⅰ . ①我… Ⅱ . ①李… Ⅲ . ①食用菌－技术标准－研
究－中国 Ⅳ . ① S646

中国版本图书馆 CIP 数据核字（2019）第 052423 号

我国食用菌技术标准现状、问题及对策研究
WOGUO SHIYONGJUN JISHU BIAOZHUN XIANZHUANG、WENTI JI DUICE YANJIU
李　贺　编著

责任编辑　张永生　王艳萍
出版发行　黑龙江大学出版社
地　　址　哈尔滨市南岗区学府三道街 36 号
印　　刷　哈尔滨市石桥印务有限公司
开　　本　720 毫米 ×1000 毫米　1/16
印　　张　9.75
字　　数　154 千
版　　次　2019 年 5 月第 1 版
印　　次　2019 年 5 月第 1 次印刷
书　　号　ISBN 978-7-5686-0339-3
定　　价　30.00 元

# 前　　言

我国食用菌产业近年来发展趋势良好,是农业经济中发展最快的支柱产业之一,也是我国农副产品生产的重要组成部分。从生产数量和种植规模上看,我国的滑菇、金针菇、黑木耳、香菇、平菇、草菇、银耳、灵芝等产品的产量均居世界前列,我国已经成为名副其实的世界食用菌产业大国。通过近年来的产业发展与贸易活动,我们不难看出我国食用菌产业还存在着诸多不可回避的问题,如菌种培育、驯化等核心生产技术缺失,产业发展基础薄弱、现代化水平较低,质量标准与国际接轨程度不够,产业体系构架不健全,缺少必要的政策引导,高附加值产品研发投入少,同质产品无序竞争严重,产品价格受制于人,等等。由此造成国内企业之间的不良价格竞争、出口食用菌产品遭遇的技术性贸易壁垒,以及出口对象国家对产品价格的打压等一系列问题,直接影响着食用菌产业健康、可持续发展。食用菌标准体系存在先天性不足,长期以来,我国的标准制定工作滞后于食用菌产业的发展,无疑又使上述问题在新时期更加突出。如何科学合理地制定我国食用菌技术标准,并完善这种标准体系,将成为未来很长一段时间内我国食用菌产业发展研究的一项主要课题。

基于上述背景,笔者通过对资料进行整理与分析,梳理了我国食用菌标准体系建设和发展过程,对我国现行食用菌技术标准体系及其中不同层级的标准进行分类,并从种类、数量、结构、类型、标龄、管理归口、操作性、实用性等方面进行分析,综合运用多种研究方法进行研究,在此基础上,深入分析了现阶段我国食用菌技术标准及其体系的发展趋势、存在的问题及建设发展的制约因素。同时,笔者查阅相关文献资料,对发达国家在标准体系建设方面的有益经验和先进做法进行合理借鉴,结合当前我国食用菌技术标准体系建设所处的新形势,提出了新时期适合我国食用菌产业发展的标准体系建设的新思路和对策。

限于笔者的学识和水平,书中难免会出现不当甚至错漏之处,还望同行专家不吝赐教,批评指正,以待日后不断改进。

李 贺

2018 年 11 月于绥化学院

# 目　录

# 第一章　绪　　论

## 第一节　研究背景

### 一、我国食用菌产业发展与技术标准

我国食用菌产业近年来发展趋势良好,是农业经济中发展最快的支柱产业之一,也是我国农副产品生产的重要组成部分。从生产数量和种植规模上看,我国的滑菇、金针菇、黑木耳、香菇、平菇、草菇、银耳、灵芝等产品的产量均居世界第一位,我国已经成为名副其实的世界食用菌产业大国。近 10 年来,我国食用菌产业发展十分迅猛。2013 年,我国食用菌的生产总量已达 2 936 万吨,其产值已达 1 500 亿元以上,我国食用菌出口创汇达 20 多亿美元,其规模在种植业中仅次于粮食、棉花、油菜、蔬菜、水果而居于第六位。根据中国食用菌协会对全国 27 个省、自治区、直辖市的食用菌生产情况的统计调查,2016 年,全国食用菌总产量达 3 596.66 万吨,产值超过 2 741.78 亿元,全国食用菌的产量和产值均呈现出持续增长的良好势头,其产量比 2015 年的 3 476.27 万吨增长了3.46%,其产值比 2015 年的 2 516.38 亿元增长了 8.96%。从全国食用菌产量的分布情况上看,居于前 10 位的为河南省(510.2 万吨)、山东省(424.92 万吨)、黑龙江省(331.28万吨)、河北省(276.2 万吨)、福建省(256.02 万吨)、吉林省(237.41 万吨)、江苏省(228.31 万吨)、四川省(200.37 万吨)、湖北省(139.1 万吨)、广西壮族自治区(128.64 万吨)。食用菌产量在 100 万吨以上的还有江西省(110.97万吨)、陕西省(109.88 万吨)、辽宁省(100.46 万吨)。食

用菌产量在 50 万吨以上的还有湖南省、浙江省、广东省、安徽省等 4 个省。[①] 全国食用菌产业相关从业人员数量已经超过 2 500 万人。以食用菌为主要产业的县(含县级市、区)数量已达 634 个,食用菌产业已成为很多县域经济的支柱产业之一。从食用菌品种来看,产量居于前 7 位的食用菌品种分别是:香菇(766.66 万吨)、黑木耳(624.69 万吨)、平菇(590.18 万吨)、双孢蘑菇(337.96 万吨)、金针菇(261.35 万吨)、毛木耳(182.58 万吨)和杏鲍菇(136.49 万吨),它们的产量都超过 100 万吨,且它们的总产量占当年全国食用菌总产量的 83.4%。[②] 从食用菌品种的开发来看,我国食用菌产业已经由传统的香菇、平菇、黑木耳等几个单一品种,逐步发展为滑子菇、真姬菇、白灵菇、杏鲍菇、茶树菇、姬松茸、鸡腿菇、黑皮鸡枞、灰树花等 40 多个栽培品种,我国正逐步开发珍稀食用菌品种,进一步丰富食用菌产业栽培种类。此外,还涉及功能性饮料、即食性食品、保健品、药品、化妆品等各类食用菌相关产品 500 多种。食用菌产业以其特有的"不与人争地,不与地争粮,不与粮争肥"的本质特征,正逐渐成为我国现代农业发展中的一项特色产业和惠及三农的优势产业。但在近几年食用菌产业快速发展的大背景下,食用菌相关标准的调研、建立、实施、反馈、更新等工作进展迟缓,食用菌产业链中菌种培育、生产、加工、保藏、运输等各个环节都缺乏技术标准支撑,已经建立的标准中的技术指标和标准体系亟待完善。

食用菌技术标准作为食用菌质量安全保障的基础,在食用菌生产与加工、市场准入、国际贸易等方面的地位和作用已日益突出,并在国际食用菌产品竞争中发挥着越来越重要的作用。目前,已有多个国家,特别是欧盟国家、日本、美国、韩国等发达国家,为了保障本国的产业与消费者的消费安全,都不约而同地加强本国产品在国际市场上的竞争力,制定了系统配套的食品安全质量技术标准,建立了比较完善的产品标准体系,基本实现了产品从生产、加工到流通的全过程标准化管理。

## 二、我国食用菌质量标准体系有待完善

通过近年来的食用菌产业发展与食用菌贸易活动,我们不难看出我国食用

---

① 耿建利:《中国食用菌协会:对 2016 年度全国食用菌统计调查结果的分析》,易菇网,2017 年 10 月 18 日,http://www.emushroom.net/news/201710/18/28153.html,访问日期:2018 年 6 月 3 日。

② 高茂林:《我国食用菌产业概况》,中国食用菌协会网站,2017 年 2 月 24 日,http://www.cefa.org.cn/2017/03/03/10055.html,访问日期:2017 年 5 月 18 日。

菌产业还存在着诸多不可回避的问题,如菌种培育、菌种驯化等核心生产技术缺失,食用菌产业发展基础薄弱、现代化水平较低,食用菌质量标准与国际接轨程度不够,食用菌产业体系构架不健全,缺少必要的政策引导,对高附加值食用菌产品研发的投入少,同质产品无序竞争严重,食用菌产品价格受制于人等。由此造成国内企业之间的不良价格竞争、出口食用菌产品遭遇的技术性贸易壁垒以及出口对象国家对产品价格的肆意打压等一系列问题,这些问题直接影响着食用菌产业的健康、可持续发展。食用菌质量标准体系先天缺失。长期以来,与食用菌产业的快速发展相比,我国的食用菌质量标准的制定工作滞后,无疑又使上述问题在新时期更加突出。如何科学、合理地制定我国食用菌技术标准,并完善这种标准体系将成为未来很长一段时间我国食用菌产业发展研究的一项主要课题。我国食用菌质量安全水平不高,主要表现为食用菌在生产、加工、贮藏、销售等环节中农药、重金属、添加剂等有毒有害物质的残留、超标情况仍比较严重,由此带来的危害和所造成的损失触目惊心。

2012 年 6 月,据《成都晚报》报道,在福建省古田县,有关部门一举查获 35 吨致癌金针菇,这些金针菇全部使用工业柠檬酸泡制。据悉,在古田县有数家从事金针菇加工的企业,大多是采用传统的盐渍法,缺乏相关技术标准,具体的生产加工流程也不规范,因此很难监管。现场被查扣的盐渍金针菇都含有柠檬酸,但凭肉眼是很难区别工业级的柠檬酸和食用级的柠檬酸的,执法部门也找过专业的检测机构,但质检机构人员表示,没有办法将两者区别开。① 该批产品主要被销往福州一些食品加工厂和罐头厂进行再加工。

2015 年,上海市疾病预防控制中心在浦东、青浦、闵行、虹口、徐汇、崇明 6 个区采集食用菌及其制品共 952 件,其中新鲜食用菌 649 件、干制食用菌 181 件、食用菌罐头 122 件。抽查结果显示,食用菌中铅、镉、汞、砷的平均值均符合国家标准 GB 2762—2017 要求,总体上是安全的。但干制食用菌的内梅罗污染指数相对较高,而且部分干制食用菌存在有害元素超标的情况,需要引起相关部门和消费者的注意。②

---

① 《福建古田查获 35 吨"毒"金针菇》,http://www.cdwb.com.cn/html/2012 - 06/07/content_ 1603096.htm,访问日期:2017 年 5 月 18 日。

② 柏品清、邵祥龙、罗宝章、蔡华、刘弘:《上海市 6 区食用菌中铅、镉、总汞、总砷污染状况调查与评估》,《中国卫生检验杂志》2018 年第 9 期。

## 三、技术标准对我国食用菌出口的影响

我国的食用菌产量占全球产量的 70% 左右,我国是全球最大的食用菌生产和出口国。据中国海关和国家统计局数据,2013 年,我国食用菌类出口数量为 51.2 万吨,与上一年相比增长了 7.11%;2013 年,我国食用菌产品、药用菌产品的出口金额达 26.91 亿美元,同比增长 54.65%。[①] 2016 年,我国共出口食(药)用菌类产品 55.05 万吨,与 2015 年的 50.7 万吨相比,增加了 8.58%,创汇 31.76亿美元,比 2015 年的 29.79 亿美元增长 6.61%。其中干品 13.57 万吨,按照 1:10 折算为鲜品,为 135.75 万吨。如果全部折算为鲜品,则约为 177.22 万吨。出口金额在 1 亿美元以上的食用菌或药用菌种类有干香菇、干木耳和小白蘑菇罐头。2016 年,我国食用菌产品出口的数量和金额实现双增长。中国食用菌协会统计数据显示,我国现有 34 个涉及食用菌或药用菌的海关商品编码,其范围涵盖冷冻食用菌产品、盐渍食用菌产品、食用菌干品、食用菌鲜品和罐藏食用菌产品。食用菌罐头、香菇、木耳、银耳和松茸等都是我国在国际市场上占主导优势的食用菌产品。在全球市场份额中,日本、美国和东盟是我国香菇出口的主要国家和地区。随着中国 – 东盟自由贸易区的正式启动,以及大幅度降低农产品进出口贸易关税等政策的出台,都极大地促进了我国食用菌产品对东盟的出口。但在国际贸易中,以技术标准、技术法规、合格评定程序等为主要内容的技术性贸易措施正逐渐成为继关税壁垒之后限制他国进口、保护本国产业的重要手段。欧洲各国和美国对技术性贸易措施的要求,特别是在产品的质量安全方面的技术门槛正在不断提高。我国食用菌产品的质量安全水平不高,技术标准体系不健全,特别是食用菌产品中有害物质最大限量标准及相应的检测方法标准与国外不接轨,这些都会导致我国食用菌产品在走向国际化的过程中频频遭遇进口国的技术性贸易措施的重创。

以日本为例,我国向其出口的香菇量占其进口量的 1/3 以上。但从 2005 年开始,日本对我国香菇及其制品实施严格的命令检查和"肯定列表制度",该制度的执行延长了通关时间,增加了检验检疫费用,导致鲜香菇品质的下降,致

<hr />

① 耿建利:《中国食用菌协会对 2013 年度全国食用菌统计调查结果的分析》,易菇网,2014 年 12 月 15 日,http://www.emushroom.net/news/201412/15/22401.html,访问日期:2017 年 5 月 18 日。

使我国对日本出口鲜香菇的数量剧减。据中国食品土畜进出口商会食用菌分会报告,自2006年5月29日日本实施"肯定列表制度"以来至2007年9月,我国输日食用菌产品在日本已被检出有60例违规超标,其中超标农药有甲胺磷、甲氰菊酯、二氧化硫、毒死蜱、联苯菊酯、乙草胺以及微生物等。[①] 2009年1月至10月,我国出口的食用菌被进口国检出不合格产品的情况并没有好转,据中国食品土畜进出口商会食用菌分会报告,在日本厚生劳动省通报的12起我国向日本输入的食用菌违规事件中,存在问题的主要食用菌品种与违规情况包括:生鲜香菇腐败、霉变,水煮滑子蘑、水煮灰树花和水煮蘑菇中的二氧化硫含量超标,干木耳中含有联苯菊酯、毒死蜱、氯蜱硫磷,干香菇中的二氧化硫含量超标,加工蘑菇(容器包装灭菌食品)微生物呈阳性,鲜松茸被检出有毒死蜱,干香菇经过放射线照射等。

欧盟食品安全局(EFSA)于2009年5月7日发出通知称:在中国的干蘑菇中发现尼古丁含量超标。这些干蘑菇包括牛肝菌、鸡油菌和块菌等。2011年2月,欧盟食品安全快速预警系统通报的4起我国出口食用菌质量安全违规案例中,有3起为农药残留超标。美国食品和药品管理局(FDA)通报我国25批食用菌产品因质量问题而被退货,其中主要食用菌品种有有机鸡油菌、调味什锦菇、干香菇、黑木耳、灰树花提取物、盐水蘑菇、木耳丝、冻干蘑菇、水煮香菇、干菇、灵芝粉末等,除部分产品为包装标签、管理手续不符合要求外,主要原因是全部产品或部分产品含有污秽物、腐烂的或分解的物质及其他不适合食用的成分。2012年以来,我国出口美国的双孢蘑菇罐头因被检出多菌灵残留而严重受阻,出口企业遭受重创,2012年9月,美国就因多菌灵残留问题退回了10批从中国进口的双孢蘑菇罐头。[②] 2015年8月20日,日本厚生劳动省发布食安输发0820第4号通知,因在进口监控检查中发现违反食品卫生法的情况,对中国产干木耳、新鲜芋头及其加工品(仅限于简单的加工)中的毒死蜱项目实施进口抽检比例为30%的强化监控检查。[③]

① 中国食品土畜进出口商会食用菌分会:《"肯定列表制度"实施对我国食用菌出口日本的影响》,《浙江食用菌》2008年第1期。

② 刑增涛、郁琼花:《2012年我国双孢蘑菇罐头出口受阻事件解析》,《食用菌》2014年第1期。

③ 国家质量监督检验检疫总局进出口食品安全局网站:《日本对我国产干木耳、鲜芋头中毒死蜱项目实施强化监控检查》,2015年8月24日,http://jckspaqj. aqsiq. gov. cn/wxts/gwzxjyjyyq/201508/t20150824_447478. htm,访问日期:2017年6月20日。

此外,韩国食品医药品安全厅发布公告,将使用农药残留肯定列表制度(简称 PLS)。PLS 规定,除标准中规定的允许使用的农药残留之外,其他所有物质在农产品中的使用限量都为每千克中含 0.01 毫克。该制度推行后,势必会对我国输韩食品、农产品,尤其是食用菌行业造成冲击。如 2016 年,浙江省丽水辖区经检验检疫出口韩国产品价值总额为 961.63 万美元,其中食用菌的价值总额为 562.5 万美元,占到 58.49%,韩国市场份额已占丽水出口食用菌市场份额的 1/10。据悉,韩国此次对农产品以每千克中含 0.01 毫克的"一律标准"进行严格管理的制度,改变了以往对无残留限量标准的农药可采用食品法典 CODEX 标准及类似农产品标准的做法。届时,我国现行使用的大部分农药均将被列入检测范围,这就意味着输韩食用菌被检出农药残留不合格的风险被放大,而农药残留不合格又是在入境口岸无法整改的因素,货物面临禁止入境或被销毁的境遇,企业贸易风险将大大增加。①

## 四、我国食用菌技术标准建设的成效与不足

近年来,我国加大了对农产品及食品标准的制定、修订力度。2011 年 12 月,国家标准化管理委员会组织编制了《标准化事业发展"十二五"规划》,各省、自治区、直辖市及相关部门的食用菌标准化工作已取得初步成效。截止到 2014 年底,我国已有食用菌方面的国家标准 32 项、行业标准 76 项,在 2000 年以后制定并实施的省级地方标准约有 230 项,这些标准的范围涵盖了菌种、产地、产品、安全卫生、检验检测、栽培技术、储运等各个方面。目前,一个以国家标准和行业标准为主体,地方标准、企业标准为补充,强制性标准和推荐性标准互相参照,通用标准、基础标准、产品标准、方法标准协调配套的食用菌技术标准体系已初步建立起来。我国在 2012 年 4 月成立了中国食用菌协会标准化技术委员会,该委员会的建立可以更好地整合生产、科研、教学和监督检验、经销等方面的专家,使他们在标准化工作中发挥更大的作用,更好地开展食用菌领域的标准化工作,为建立起系统科学、先进规范、配套实用的现代食用菌标准体系服务,发挥标准在产业中的指导和引领作用。

---

① 《浙江:丽水检验检疫部门积极应对韩国最严农残标准 三招支持食用菌出口企业》,2017 年 5 月 5 日,http://zixun.mushroommarket.net/201705/05/177798.html,访问日期:2017 年 6 月 20 日。

2017 年 11 月 4 日，第十二届全国人民代表大会常务委员会第三十次会议对《中华人民共和国标准化法》进行修订，自 2018 年 1 月 1 日起施行。新修订的《中华人民共和国标准化法》明确农业、工业、服务业以及社会事业的各个领域中需要统一的技术要求，并且规定，国家鼓励社会团体协调相关市场主体共同制定满足市场和创新需要的团体标准，由本团体成员约定采用或者按照本团体的规定供社会自愿采用。同时，企业可以根据需要自行制定企业标准或者与其他企业联合制定企业标准。国家支持在重要行业、战略性新兴产业、关键共性技术等领域利用自主创新技术制定团体标准、企业标准。

但由于我国食用菌标准化工作起步较晚、基础薄弱、研究投入不足，加之食用菌产业正处于发展转型的关键阶段，对内需要优化产业结构、积极转型，对外又面临日益激烈的国际竞争，与整个食用菌产业发展相比，我国食用菌技术标准的建立、更新和实施等各项工作都进展缓慢，标准体系层级不清、配套性较差、领域空白、体系残缺、覆盖面窄、国际标准采标率差、技术水平不高、市场适应性较弱、针对性不强、标准数量不足、技术内容落后、标准管理的系统性亟待增强、产业发展与需求同当前标准存在脱节等问题日益突出。

# 第二节　研究内容

本书通过对已有资料的整理与分析，梳理了我国食用菌标准体系的建设和发展过程，对我国现行食用菌技术标准体系及其中不同层级的标准进行系统分类，并从种类、数量、结构、类型、标龄、管理归口、操作性、实用性等方面进行分析，定性分析与定量分析相结合，并运用文献研究法、功能分析法等方法进行研究，在此基础上深入分析了现阶段我国食用菌技术标准及其体系的发展趋势、问题及其建设发展的制约因素，同时，查阅相关文献资料对发达国家在标准体系建设方面的有益经验和先进做法进行合理的借鉴，结合当前我国食用菌技术标准体系建设中面临的新形势，提出了新时期适合我国食用菌产业发展的标准体系建设的新思路、对策、措施。

分析结果表明，虽然我国在食用菌产业发展过程中，逐步建立了以国家标准和行业标准为主体，地方标准、企业标准为补充，强制性标准和推荐性标准互相参照,通用标准、基础标准、方法标准、产品标准协调配套的食用菌技术标准体系,同时在食用菌标准优化整合、标准体系完善、标准制定和修订速度、安全卫生指标强化等多个方面也取得了明显的进展,但从现行的食用菌技术标准中不难发现,我国食用菌技术标准在前期调研、意见征求、内容制定,以及后期的实施、反馈、更新等方面的工作与食用菌产业的快速发展相比依然迟缓,存在部分食用菌技术标准体系覆盖面窄,食用菌技术标准老化现象严重,食用菌技术国际标准采标率低下,食用菌技术标准相互重复、层级不清,食用菌技术标准体系结构失衡,食用菌技术标准水平不高,部分食用菌技术标准操作性、实用性较差,与技术创新、产业需求和发展脱节等突出问题。针对上述问题,剖析我国食用菌技术标准及其体系发展的阻碍因素,主要包括法律法规及管理体制、运行机制、人才队伍、研发能力等方面。本书为此在上述研究基础上提出了新常态背景下我国食用菌技术标准及其体系建设的总体思路、建设原则、改革与建设三个方面的构想,建议将改革与建设的重点放在明确技术标准层级关系、清理整合现有技术标准、强化有关食用菌的国家标准的制定工作、强调产品标准的贸易属性、完善安全标准体系等方面的工作上。同时,从完善法律法规、加速人才培养、加强科技研发与转化、强化落实标准实施、提高标准市场适用性、加大建设投入力度等六个方面提出了推进我国食用菌技术标准建设的保障措施。

# 第三节　研究的目的与意义

食用菌技术标准,是科学组织和指导食用菌生产的指南,是具体评价食用菌产品质量的依据,是规范食用菌产品、食用菌产业市场秩序的准则,是有效调节食用菌产品对外出口贸易的杠杆。完善、健全的食用菌技术标准体系,既是优化食用菌产业结构和促进食用菌生产技术进步的重要技术保障,又是提升我国食用菌产品的消费安全和市场竞争力的重要技术支撑;既是食用菌产业实现节本增效和增加菌农经济收入的有效途径,又是依法管理和规范食用菌市场秩序的重要手段;既是为我国食用菌出口贸易发展保驾护航的技术后盾,又是抵御国外贸易保护壁垒的有力武器。食用菌质量安全管理要求从生产到销售全过程的规范化、标准化管理,而我国现有的食用菌技术标准不论是标准种类还是标准体系都还不是很健全,在涉及生产、流通、监管时"无标可依"现象还十分突出。在经济全球化进程不断加快,世界范围内技术性贸易措施不断强化,国际市场上的竞争日趋激烈的前提下,我国作为食用菌出口大国,食用菌产品竞争力不强,食用菌标准体系建设还滞后于形势的发展,难以承担促进出口和解决贸易争端的重任。所以在以上严峻的形势下,如何解决我国食用菌技术标准工作中存在的问题,如何完善我国食用菌技术标准体系,如何引导食用菌技术标准体系建设以使其适应市场经济体制、农业和农村经济战略性调整,有效地制定出原料采集、菌种培育、生产、加工、储藏、运输等各环节科学、合理、统一、有效、规范的食用菌技术标准,引领我国食用菌生产沿着科学化、标准化、规范化的可持续发展道路前行,进而极大地提升食用菌产品品质,增强食用菌产品在国内外的竞争力,是当前我国食用菌产业发展中亟待解决的问题。

为此,本书拟对我国食用菌技术标准进行全面、充分、客观的分析。在回顾其建设发展历程、评述现状和总结经验的基础上,深入挖掘现阶段我国食用菌技术标准及其体系中存在的问题并剖析其限制因素,结合当前我国食用菌技术标准建设中面临的新形势,对食用菌技术标准应具备的职能进行再定义、再认识。同时,借鉴国外标准化工作中的有益经验和做法,探索出新时期、新形势下我国食用菌技术标准建设的新思路以及推进食用菌技术标准体系建设的对策和措施。本书对于完善我国食用菌技术标准及其体系,推进食用菌标准化工作,促进食用菌质量安全水平,提高食用菌产品市场竞争力等方面具有重要的现实意义。

# 第四节　国内外研究动态综述

## 一、国外研究动态综述

由于本书研究的是中国食用菌技术标准问题,从文献检索情况来看,未见国外对我国食用菌技术标准的研究报道,相关研究多侧重于有机食用菌生产技术标准及"危害分析和关键控制点"(HACCP),因此关于国外研究动态仅就以上两个方面进行综述。

### （一）有机食用菌生产技术标准综述

欧洲国家、美国等发达国家早在 20 世纪的二三十年代就已经提出了有机农业的概念，因此其相应的配套标准也比较完善。作为有机农业的一部分，上述国家都对有机食用菌标准化生产提出了特殊性要求和标准，而且绝大部分内容都是一致的。M. R. Finckh(2007)认为有机农业生产中除了肥料，最重要的就是农作物的有机管理。有机农作物种植应具有原则一致性，就是尽可能不用农药，通过有效管理而达到自然平衡。

在北美，有机食用菌的生产是在开放的环境中进行的，自然环境能够为食用菌生长提供适宜的条件。每个品种都有其特定的光照、温度、湿度和营养需求。加拿大不列颠哥伦比亚省有机认证协会是当地唯一由政府资助的进行有机认证的组织，由其制定的《有机食用菌生产规程》，从栽培环境、菌种来源、虫害控制、疾病控制、卫生管理和培养料 6 个方面，对有机食用菌的生产规程进行了规定和说明，每一部分都从必备条件、允许使用范围、受控范围及禁用范围 4 个方面较为详细地列出了范围和使用量等，有一定的参考价值。①

对于有机食用菌的生产技术标准，欧盟各个成员国之间会有一定差异，以通用的欧盟法规标准 2092/91 为基础，有以下几点需要说明：第一，菌种方面，目前还没有强制使用有机菌种，但其来源一定要明确；第二，培养基质方面，用于有机食用菌生产的有机肥料，最好全部来源于有机循环中产生的有机物质，必须保证其中非有机成分占有量不超过 25%（总量以除去包装和水分计），其中包括转基因成分和牲畜粪便；第三，安全卫生方面，生产者需满足卫生、清洁和消毒方面的有机标准，清洁剂、消毒剂的用量受到严格的控制，如传统的蒸汽处理仍是有机食用菌生产过程中强烈推荐的清洁和消毒的途径。②

Shauna M. Bloom、Leslie A. Duram(2007)认为国家应该从领导决策、政策引导、科学研究、技术支持、资金投入、市场调研、推广服务、宣传教育、行业协会等多方面支持有机农业及相关产业的发展。

---

① 赵晓燕、崔野韩、邢增涛、赵志辉、门殿英：《欧美地区有机食用菌生产技术标准规程解析》，《上海农业学报》2009 年第 1 期。

② 《全球有机食用菌生产现状及市场表现情况》，https://max. book118. com/html/2016/0927/56119165. shtm，访问时间：2018 年 6 月 18 日。

### (二)HACCP 标准研究综述

HACCP 可解释为"危害分析和关键控制点",其英文全称是 Hazard Analysis and Critical Control Point。该体系被认为是控制食品安全和品质的最好、最有效的管理体系。目前,国际上共同认可和接受以 HACCP 为代表的食品安全保证体系,其主要职能是对食品中的化学、物理以及微生物危害进行控制。实施 HACCP 的实质效果主要体现在消费者受益、产品质量提高和生产过程改进 3 个方面。同时我们也发现,实施该体系的成本在不同公司是不同的。从工程学的角度研究,R. J. Cormier、M. Mallet 等学者(2007)认为,为防止鱼等海产品变质,实施 HACCP 是能够达到预期效果和要求的,但实施过程中必须加强监测,需要建立能够对 HACCP 的实施有效跟踪监测的信息体系及监测、预测体系。

## 二、国内研究动态综述

### (一)有关我国食用菌技术标准及其体系现状的研究

邬建明(2003)在《我国食用菌标准及标准体系现状》中研究发现,在我国目前已经颁布实施的有关食用菌的国家标准、行业标准、地方标准中,大多为质量标准,而技术规程、方法标准、基础标准偏少,其中物流标准缺失。吸收国外先进的食用菌生产标准进而转化为我国食用菌标准的情况也很缺乏,即我国食用菌标准采纳国际标准的程度不够。另外,目前我国在食用菌标准制定方面的工作进展严重滞后于我国食用菌产业的发展。特别是有关部门正在积极推进的无公害农产品、绿色食品、有机食品等的认证工作中,相关配套标准制定工作的滞后影响了这些工作的进一步开展。① 善丛(2004)在《食用菌标准体系建设的探讨》中结合黑龙江省林业地区经济发展的实际情况,提出我国东北地区以食用菌为主的林区特色种植业发展落后的主要原因是食用菌的生产、加工、出口等环节无标准可依,建议逐步推进"无公害食品行动计划,实行市场准入机制"②。徐俊、高观世、侯波(2006)在《构筑我国食用菌行业技术标准体系建议》

① 邬建明:《我国食用菌标准及标准体系现状》,《食用菌》2003 年第 5 期。
② 善丛:《食用菌标准体系建设的探讨》,《林业勘查设计》2004 年第 3 期。

中对食用菌技术标准体系现状和食用菌出口遭遇贸易壁垒及其原因进行深入分析,提出构建我国食用菌行业技术标准体系的新思路,在制定食用菌产品技术标准体系表、食用菌中有害物质安全阈值、食用菌有害物质含量检测方法、食用菌品种鉴定技术、食用菌产品生产全程安全质量控制体系等5个方面进行重点研究。① 张丙春、张红、李慧冬、聂燕(2008)在《我国食用菌标准现状研究》中说明,我国已经逐步加大对农产品和食品标准的制定、修订力度,相关标准正逐步与国际标准接轨。同时指出,我国食用菌技术标准体系在标准的设置上还需要进一步规范,标准的内容和格式仍需进一步充实和细化,特别是技术指标和卫生指标是目前和将来一段时间我国食用菌技术标准制定、修订的主要内容,建议建立以市场为导向的技术标准体系,用技术标准规范食用菌生产和产品质量,提高我国食用菌产品的整体质量水平和食用菌产品在国际市场上的竞争力,推动我国食用菌行业向规范化方向发展。吴素蕊、徐俊、邰丽梅、刘蓓(2011)在《我国食用菌标准现状分析》中指出,我国食用菌标准体系中存在标准体系不完善、类型分布不合理、标准与国际不接轨、采标率差、标准内容不合理、技术含量低等问题;建议加快采标步伐,并根据目前食用菌产业和行业的发展特点和趋势制定标准,建立国家标准、行业标准各有侧重的食用菌技术标准体系,规范食用菌的野生资源保护和采集、人工栽培、加工、保鲜、销售、贮藏等所有环节,从基础、方法和管理等方面积极完善食用菌行业的技术标准及其体系。邰丽梅、董娇、陈旭(2017)分析了我国现行食用菌国家标准现状以及存在的问题,问题包括:我国食用菌标准体系结构不完善;我国食用菌标准内容覆盖面窄,技术含量低;与国际接轨程度不高等。在此基础上,这些学者提出要进一步构建我国食用菌标准体系、完善国家标准内容、提升标准转化能力这3个方面的食用菌国家标准发展建议。王代红、陈喜军、王辉等(2017)在研究我国食用菌产品标准现状的同时,结合我国食用菌行业发展状况,分析了我国食用菌产品标准中存在的问题,如标准更新速度缓慢,标准内容缺乏先进性,标准体系不健全,有关食用菌提取物的标准缺失,国内外标准差距大,出口技术壁垒高等,并提出相应建议。呼吁制定标准的有关部门进一步完善相关标准,并尽快制定食用菌提取物标准,健全我国食用菌标准体系,提升食用菌提取物及其深

---

① 徐俊、高观世、侯波:《构筑我国食用菌行业技术标准体系建议》,《食用菌》2006年第3期。

加工产品的国际竞争力,促进产业升级。赵晓燕、周昌艳、白冰等(2017)从栽培基质(环境)、菌种、生产技术规程、收贮运、产品等方面,对我国现行有效的食用菌标准体系进行了整理和分析,理清了我国现有食用菌标准体系存在的主要问题,主要问题为总数量不少,但规划少、不系统、有交叉、有缺失。建议按照"通用为主,品种补充"原则,加强食用菌标准体系规划,并对现有标准进行清理、整合,同时尽快制定、修订一批急需标准。①

### (二)有关我国食用菌菌种管理技术标准的研究

贾身茂、郭恒、程雁、申进文、郭光辉、刘国华(2005)在《用法规和标准规范菌种质量和菌种市场的商讨》中提出食用菌菌种的好坏直接影响食用菌产品质量的好坏和产量的高低,进而影响着菌农的经济效益;认为提高菌种质量,首先要规范菌种质量和菌种市场,需要各种技术标准和法规的支撑;提出要重视通过宣传活动提升对知识产权的保护意识,加大对知识产权的保护力度,逐步完善食用菌菌种标准体系,贯彻落实国家关于菌种的法规,要增加菌种研究的经费投入,并注重科研人才的培养等意见。张金霞、黄晨阳、胡清秀(2007)在《我国食用菌菌种管理技术标准解析》中指出,食用菌产业的发展需要大量的优质菌种。菌种作为食用菌行业的重要生产资料,对该产业的发展起着不可替代的作用。但由于我国多年形成的分散生产经营方式,菌种生产缺乏规范,菌种生产和质量常会出现各种各样的问题,随着产业的发展,问题日益突出。食用菌产业的健康发展迫切需要对菌种实施科学有效的管理。他们从品种选育、品种登记和认定,菌种的繁育体系和菌种场的分级,菌种生产技术的规范性要求,菌种质量保证体系以及我国食用菌菌种质量监督和技术标准等方面进行系统解析。宋驰、姚璐晔、徐兵等(2017)对我国现行食用菌菌种技术标准情况进行了梳理和分析,特别指出了食用菌工厂化生产新常态下液体菌种技术标准体系建设的必要性和迫切性。根据已有的研究结果,为液体菌种的生产和检测标准的制定提出建议,包括:加快国家标准或行业标准的制定;完善食用菌菌种标准体系;加强液体菌种生产性能检测指标研究;构建相对完整的液体菌种质量标准体系等。

---

① 赵晓燕、周昌艳、白冰、赵志勇、李晓贝、雷萍:《我国食用菌标准体系现状解析及对策》,《上海农业学报》2017年第2期。

第一章 绪论

### (三)有关无公害食用菌生产及其技术标准的研究

谢道同(2003)在《无公害食用菌生产及其技术标准》中分析了食用菌产品的污染来源和案例,梳理了食用菌无公害生产的要求和技术标准,提出我国鲜菇有 70% 是农户以分散的小生产方式生产和加工的,加之管理体制不明,使得无公害生产的质量管理监控难度加大。应明确管理体制,扶持龙头企业和骨干企业,推行产业化、规模化栽培,利用市场准入机制,使无公害食用菌产品认证有序开展。① 张志军、刘建华(2005)在《关于无公害食用菌产品标准的探讨》中对无公害食用菌产品标准的内容进行了讨论,提出在制定无公害食用菌产品标准、执行标准时既要考虑到标准的可操作性,又要做到具有针对性。② 李月梅、贾蕊(2007)在《无公害食用菌生产技术规程的制定研究》中提出食用菌无公害生产关键技术主要包括:生态环境良好的生产基地,高产、优质、抗性强的菌种,对无害化投入品的监管,对辅助环节的严格要求,以及严格的食用菌产品市场准入制度,以此来规范无公害食用菌生产技术规程的制定。③ 米青山、王尚堃(2008)在《珍稀食用菌无公害标准化栽培技术的研究》中以白灵菇为例,阐述了珍稀食用菌无公害标准化栽培技术研究进展的有关情况,并从接种期的选择、品种的选择、培养料的配制、出菇方式等 10 大方面进行了系统的研究,并提出了相应的标准。④

### (四)有关有机食用菌生产技术标准规程的研究

向敏(2003)在《发展有机食用菌产业 应对国际贸易技术壁垒》中对作为阻碍我国食用菌产品出口的重要因素的世界贸易非关税壁垒进行了深入的分析;提出重点开发有机食用菌产品,大力发展有机食用菌产业,是满足消费者对食品安全的要求、稳定并扩大食用菌产品出口、打破贸易技术性壁垒的重要举措;提出要研究并借鉴发达国家优势食品生产、加工和储运的基本标准和管理要求,全面发展我国有机食用菌产品的基本思路。⑤ 赵晓燕、崔野韩、邢增涛等

---

① 谢道同:《无公害食用菌生产及其技术标准》,《广西植保》2003 年第 4 期。
② 张志军、刘建华:《关于无公害食用菌产品标准的探讨》,《天津农林科技》2005 年第 4 期。
③ 李月梅、贾蕊:《无公害食用菌生产技术规程的制定研究》,《安全与环境学报》2007 年第 2 期。
④ 米青山、王尚堃:《珍稀食用菌无公害标准化栽培技术的研究》,《安徽农学通报》2008 年第 8 期。
⑤ 向敏:《发展有机食用菌产业 应对国际贸易技术壁垒》,《中国食用菌》2003 年第 2 期。

(2009)在《欧美地区有机食用菌生产技术标准规程解析》中,以有机食用菌产业相对发达和完善的欧盟和北美地区为例,分析了欧美地区有机食用菌的生产技术标准规程,并指出目前我国的有机食用菌生产还处于起步阶段。在2005年制定并发布的GB/T 19630系列《有机产品》标准中,仅从场地环境、菌种、栽培、害虫和杂菌等方面对有机食用菌的生产进行了规定和说明,其中对菌种的要求属于非强制性规定,提出应尽可能采用经认证并可以清楚地追溯来源的有机菌种。此外,在害虫和杂菌防治方面,允许使用低浓度氯溶液对场地进行淋洗消毒等规定,内容过于简单,在实际操作中指导性差,不利于实际生产中的控制。[①] 刁品春、范雪梅、张富国(2014)在《我国与日本有机种植标准的比较研究》中以食用菌栽培为例,研究了两国在有机种植标准领域的异同点,并从有机菌种的选择、食用菌栽培灌溉用水、培养基质,以及辅料的使用、有机食用菌的栽培环境、病虫草害的防治、转换期等多个方面进行了综合比较研究。

### (五)有关新农药残留限量标准对食用菌标准的研究

管道平、胡清秀(2008)在《食用菌药残留限量与产品质量安全》中分析了目前食用菌生产中使用农药和国内外食用菌农药残留限量标准情况,并从食用菌产地的环境、食用菌菇房建筑标准、农药使用规范以及食用菌安全生产全程质量控制等4个方面提出对策、措施,为食用菌安全生产和提高食用菌产品质量提供参考。贾身茂、刘桂娟(2010)在《我国食用菌产品质量安全标准和实施现状》中提出了我国食用菌质量安全标准不但数量少而且不一致,对近年来国内外食用菌贸易中的产品质量安全问题进行分析,提出多项合理化建议:完善我国食用菌质量安全标准,健全食用菌产品检测检验体系,提高食用菌企业的标准化执行水平和市场准入制度,加大食用菌质量安全标准实施的力度等。陆剑飞(2013)在《影响食用菌安全的风险因子分析及对策》中指出农药残留、重金属和非食用菌物质已经成为影响食用菌质量安全的主要风险因子。他提出三点建议:①加强生产主体培训,提升质量安全意识;②完善安全标准,推进标准化生产;③强化监测队伍建设,健全安全服务体系。邹永生、董娇、李洁实、朱萍(2013)在《新农药残留限量标准对食用菌标准的影响分析》中,结合新颁布

① 《全球有机食用菌生产现状及市场表现情况》,https://max.book118.com/html/2016/0927/56119165.shtm,访问日期:2018年6月18日。

的国家食品中农药残留最大限量标准,分析了我国食用菌农药残留限量标准状况。针对我国农药残留限量标准与国际食品法典标准(CAC)、美国和日本等国家的标准之间的差距,提出3点建议:一是加快推进食用菌行业结构调整;二是加速制定、修订食用菌农药残留限量标准,完善食用菌安全标准体系;三是加强风险评估等科学方法在食用菌农药残留限量标准制定中的应用,采用国际标准和国内外先进技术,提高我国食用菌标准技术水平。董娇、邰丽梅(2017)通过对我国最新食用菌农药残留限量标准与美国、日本、韩国等发达国家和欧盟等发达地区以及CAC食用菌农药残留限量标准的比较分析,找出我国食用菌农药残留限量标准存在的问题,建议尽快完善中国食用菌农药最大残留限量标准体系,跟踪国际农药残留标准制定动态,积极参与对国际农药残留标准的制定、修订的研究等,从而提高我国食用菌农药残留标准水平。①

### (六)有关食用菌术语标准实施现状的研究

贾身茂、孔维丽、袁瑞奇、康源春(2014)在《我国食用菌术语标准实施现状与几个术语刍议》中简述了我国食用菌标准化及实施标准中监管不力的状况,突出论述了食用菌术语标准实施过程中存在的问题,并引用了全国科学技术名词审定委员会与国家有关部门对审定术语的原则及术语使用的规定,对"真菌""蘑菇""食用菌"3个学科领头术语的有关争议进行了讨论。

# 第五节 研究的实施方案与基本结构

本书研究的实施方案和基本结构如图1-1、图1-2所示。

---

① 董娇、邰丽梅:《国内外食用菌农药残留限量标准比较分析》,《中国食用菌》2017年第5期。

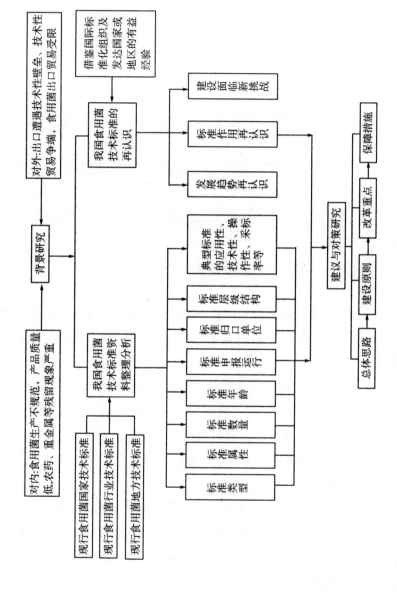

图 1-1 本书研究的实施方案

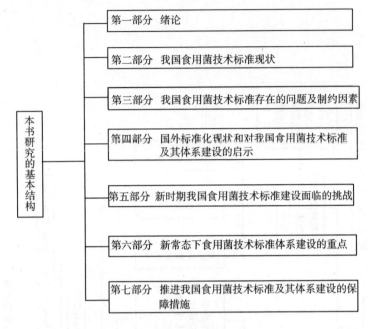

图1-2　本书研究的基本结构

第一部分为绪论。主要介绍研究背景、研究内容、研究的目的与意义、国内外研究动态、本书内容的基本结构，以及研究的实施方案、研究角度和方法、研究的创新之处。

第二部分为我国食用菌技术标准现状。主要介绍食用菌技术标准及其体系的基本概念，我国食用菌技术标准的数量、类型、特点、标龄等，食用菌技术标准体系的构成等基本知识，对以往我国食用菌技术标准建设发展历程进行总结，系统阐述我国现行食用菌技术标准化管理体制和运行机制，以及我国食用菌技术标准的发展趋势。

第三部分为我国食用菌技术标准存在的问题及制约因素。主要分析我国食用菌技术标准及其体系存在的问题，诸如部分标准老化，国际标准采标率低，部分技术标准相互重复、层级不清，技术标准体系覆盖领域存在空白，标准技术水平有待提高，标准的可操作性不强，配套标准与产业发展脱节，并深入剖析上述问题产生的原因。

第四部分为国外标准化现状和对我国食用菌技术标准及其体系建设的启

示。主要介绍 ISO(国际标准化组织)、CAC(国际食品法典委员会)、IPPC(国际植物保护公约)等国际标准化组织以及欧盟等发达地区和日本、美国等发达国家的相关农产品标准及其体系概况,通过以上研究总结和归纳国外关于标准化工作及标准体系建设的特点以及对我国食用菌技术标准建设的启示。

第五部分为新时期我国食用菌技术标准建设面临的挑战。主要介绍对食用菌技术标准发展的新变化、新趋势进行宏观分析,食用菌技术标准对食用菌产业发展、创新作用进行理性的认识,分析当前形势下我国食用菌技术标准体系建设过程中所要应对的新挑战。

第六部分为新常态下我国食用菌技术标准体系建设的重点方向,主要提出新形势下,我国食用菌技术标准及其体系建设的总体思路、建设原则以及今后一段时间技术标准建设的重点方向。

第七部分为推进我国食用菌技术标准及其体系建设的建议。主要从进一步完善法律法规、加快人才培养、有效推进科技研发与转化、强化标准的实施、推动国际化战略、加大资金投入力度等 6 个方面,提出推进我国食用菌技术标准及其体系建设的保障措施。

# 第六节　研究角度和方法

## 一、宏观分析与微观分析相结合

本书对我国食用菌技术标准的制定、我国食用菌技术标准体系建设历史沿革、我国食用菌技术标准近年来的发展改革重点、我国现行的食用菌技术标准及食用菌标准体系存在的问题、新常态下我国食用菌技术标准及其体系建设面临的挑战等方面进行宏观分析,同时将个别典型技术标准作为案例,对其中存在的问题进行了个案分析、讨论。总之,本书中的宏观分析为微观分析提供了相关的分析研究背景与研究趋势,微观分析则为宏观分析提供了具体、有针对性和说服力的论据支持。

## 二、定性分析与定量分析相结合

从分析中我们可以看出,我国食用菌技术标准中还存在许多问题,而且这些问题和情况受多种因素的影响与制约,其中有些问题和影响因素是可以量化表达的,例如技术标准的数量、技术标准的类型、技术标准的标龄、归口单位等,但更多的问题和情况是难以量化的,例如关键技术标准的缺失,技术标准的技术水平较低,技术标准的市场适应性差,制定标准的程序不科学等。因此本书对具体情况进行具体分析,对能量化说明的,尽可能采用定量分析方法进行说明,对难以量化的指标则采取定性分析的方法加以阐释。

## 三、纵向比较与横向比较相结合

本书通过收集与整理我国食用菌技术标准等方面的资料,对我国食用菌技术标准及其体系发展历程进行历时性的纵向比较,进行了一般性的梳理,在此基础上分析我国当前食用菌技术标准及其体系存在问题的历史成因;同时也对发达国家或地区的相关标准体系的现状和特点进行整理与分析,进行共时性的横向比较,为进一步健全我国食用菌技术标准,完善我国食用菌技术标准体系提供参考经验。这种纵向比较和横向比较的有机结合,既保证了研究的系统性,又保证了研究的全面性。

## 四、理论分析研究与实际应用相结合

本书运用"统一、简化、选优、协调、适用"的标准化原理,对我国食用菌技术标准及其体系存在的问题进行分析;同时结合我国标准化管理体制以及食用菌生产、食用菌标准化工作的实际情况,提出了在新时期背景下我国食用菌技术标准体系建设的新思路,以及应对问题的新对策,进而总结出推进食用菌技术标准建设的保障措施。理论分析与实际应用相结合,保证了本书在理论的指导下得出具有符合实际情况及实践应用的有价值的研究结果。

# 第七节　研究的创新之处

1. 从多角度对我国现行 3 个层级的食用菌技术标准及其体系进行了全面、系统的整理、分类和分析。在此基础上，总结并提炼出我国食用菌技术标准及其体系中存在的外在突出问题和内在发展阻碍因素。

2. 对我国食用菌技术标准的作用和趋势重新认识和定位，提出有关新时期我国食用菌技术标准及其体系的 4 项建设原则、4 项改革重点以及 6 项推进标准建设的保障措施。

第一章　绪　论

# 第二章　我国食用菌技术标准现状

## 第一节　食用菌技术标准与食用菌技术标准体系

### 一、基本概念

#### （一）关于"标准"的概念

根据《标准化工作指南第 1 部分：标准化和相关活动的通用术语》（GB/T 20000.1—2014）对标准给出的定义是："通过标准化活动，按照规定的程序经协商一致制定，为各种活动或其结果提供规则、指南或特性，供共同使用和重复使用的文件。"[1]在该定义之后还有一个注："标准宜以科学、技术和经验的综合成果为基础。"[2]我国对标准的定义与国际标准化组织（ISO）和国际电工委员会（IEC）的定义是一致的，即等同采用了 ISO 或者 IEC 的导则 2 中对标准的定义（ISO/IEC Guide 2：1996 MOD）。

世界贸易组织的技术性贸易壁垒协议（以下简称 WTO/TBT 协议）给出的标准定义则有所不同。WTO/TBT 协议对标准的定义是："由公认机构批准的，非强制性的，为了通用或反复使用的目的，为产品或相关加工和生产方法提供规则、指南或特性的文件。标准也可以包括或专门规定用于产品、加工或生产

---

[1]　中华人民共和国国家质量监督检验检疫总局、中国国家标准化管理委员会：《标准化工作指南第 1 部分：标准化和相关活动的通用术语》（GB/T 20000.1—2014），中国标准出版社，2015。

[2]　中华人民共和国国家质量监督检验检疫总局、中国国家标准化管理委员会：《标准化工作指南第 1 部分：标准化和相关活动的通用术语》（GB/T 20000.1—2014），中国标准出版社，2015。

方法的术语、符号、包装标志或标签要求。"①

以上两个定义的相同点在于:①都认定标准制定的目的在于规范行为,它是为通用或反复使用的目的而制定的;②都确定标准必须是经公认机构批准发布的,这个特点决定了标准具有权威性;③都认为标准是协调一致的产物。所以,通过上述分析我们可以简单地将标准理解为一种文件,一种带有规范性、权威性的文件。所谓规范性文件就是为各种活动或结果提供规则、导则或规定特性的文件,它是标准、法律法规等各类文件的统称。

以上两个定义的不同点在于:WTO/TBT 协议给出的定义强调了标准是非强制性的,而 ISO、IEC 及我国对标准的定义则没有这方面的规定,但强调了标准制定的基本出发点是为了在一定的范围内获得最佳秩序。

例如《食用菌术语》(GB/T 12728—2006),就是规范食用菌领域用语言文字交流的国家标准,"适用于食用菌的科研、教学、生产和加工"②。

### (二)关于"食用菌技术标准"的概念

按照《标准化工作指南第 1 部分》(GB/T 20000.1—2002)对标准的定义,食用菌技术标准是以食用菌为对象的标准,是对在食用菌生产活动中重复性事物和概念所做的统一规定。食用菌技术标准通常有广义和狭义之分。广义的食用菌技术标准包括基础技术标准、产品标准、工艺标准、检测试验方法标准,以及安全标准、卫生标准、环保标准等涉及食用菌的各个生产环节的标准。而狭义的食用菌技术标准特指食用菌生产技术领域的标准。

### (三)关于"食用菌标准体系"的概念

根据《标准体系表编制原则和要求》(GB/T 13016—2009)对标准体系给出的定义,食用菌标准体系是指在一定范围内食用菌技术标准按其内在联系形成的科学的有机整体③。建立食用菌技术标准体系的目的在于,将食用菌生产的产前、产中、产后全过程的所有标准有机结合起来,充分发挥其对食用菌生产的

① 温珊林:《从标准走入 WTO》,中国标准出版社,2001。
② 中华人民共和国国家质量监督检验检疫总局、中国国家标准化管理委员会:《食用菌术语》(GB/T 12728—2006),中国标准出版社,2006。
③ 中华人民共和国国家质量监督检验检疫总局、中国国家标准化管理委员会:《标准体系表编制原则和要求》(GB/T 13016—2009),中国标准出版社,2010。

规范作用,以获得最佳的效果。

### (四)关于"食用菌标准化"的概念

目前,国内还没有给出食用菌标准化的明确、统一、规范的定义。食用菌标准化作为标准化的有机组成部分和具体应用,其最基本的概念包括"食用菌""食用菌标准""食用菌标准化""食用菌标准体系""食用菌标准体系表"等。

食用菌标准化的定义可被简单地归结为以食用菌为对象的标准化活动。这样定义有利于全面、正确地理解、认识食用菌标准化,也有利于借鉴、吸收其他领域先进的标准化成果和经验,促进食用菌标准化的健康发展。当然,基于上述概念,也可以形成以下有关食用菌的定义,即食用菌标准化是指运用"统一、简化、协调、优化"的原则,针对食用菌生产的产前、产中、产后全过程,通过制定标准、实施标准和实施监督,促进先进的食用菌成果和经验的迅速推广,确保食用菌产品的质量和安全,促进食用菌产品的流通,规范食用菌市场秩序,指导生产,引导消费,从而取得经济、社会和生态的最佳效益,达到提高食用菌竞争力的目的。

### (五)关于"国际标准"的概念

2001 年 12 月,国家质量监督检验检疫总局颁布的《采用国际标准管理办法》第三条规定:国际标准是指 ISO、IEC 和 ITU 制定的标准,以及国际标准化组织确认并公布的其他国际组织制定的标准。相关的国际标准组织、机构主要有:ISO、CAC(食品法典委员会)、FDA(美国食品与药物管理局)、EU/EC(欧盟指令条例)、IFOAM(国际有机农业运动联盟)。

### (六)关于"采用国际标准"的概念

根据《采用国际标准管理办法》的规定,采用国际标准是指将国际标准的内容,经过分析研究和试验验证,等同或修改转化为我国标准(包括国家标准、行业标准、地方标准和企业标准),并按照我国标准审批发布程序发布。我国采用国际标准分为等同采用和修改采用两种类型(代号分别为 IDT、MOD)。除等同和修改外,我国标准与国际标准的对应关系还有非等效关系(代号为 NEQ),但这不属于采用国际标准(在《采用国际标准管理办法》发布之前,非等效也属于采用国际标准范畴）。

## 二、我国食用菌技术标准的层次结构

1962 年,国务院颁布了《工农业产品和工程建设技术标准管理办法》,该管理办法的出台改变了我国原有标准只有国家标准一个级别的现状,确立了国家标准、部标准和企业标准的三级标准体系。此后,在 1979 年,国务院又颁布了《中华人民共和国标准化管理条例》,规定我国标准分为国家标准、部（专业）标准和企业标准三级。在该管理条例中明确规定:标准一经发布,就是技术法规,必须严格执行。在 1988 年 12 月,全国人大通过了《中华人民共和国标准化法》（以下简称为《标准化法》）。

根据《标准化法》的规定,我国标准分为国家标准、行业标准、地方标准和企业标准四个级别。对需要在全国范围内统一的技术要求,应当制定国家标准;对没有国家标准而又需要在全国某个行业范围内统一的技术要求,可制定行业标准;对没有国家标准和行业标准而又需要在省、自治区、直辖市范围内统一的工业产品的安全、卫生要求,可制定地方标准;企业生产的产品没有国家标准、行业标准的,应当制定相应的企业标准,对已有国家标准、行业标准的,国家鼓励企业制定严于国家标准、行业标准的企业标准。

《标准化法》还规定,国家标准和行业标准分为强制性标准和推荐性标准两类。对于涉及保障人体健康,人身、财产安全的标准和法律、行政法规规定强制执行的标准是强制性标准,其他标准是推荐性标准。省、自治区、直辖市的标准化行政主管部门制定的工业产品的安全、卫生要求的地方标准,在本行政区域内是强制性标准。为适应加入世界贸易组织的需要,2000 年 2 月 22 日,国家质量技术监督局又发布了《关于强制性标准实行条文强制的若干规定》,从标准的内容、形式、表述方式、编写方法等方面对强制性标准进行了重大改革,将强制性标准分为全文强制和条文强制两类,强制内容范围包括以下几个方面:有关国家安全的技术要求;保障人民健康和人身、财产安全的要求;产品及产品生产、产品储运和产品使用中的安全、卫生、环境保护、电磁兼容等技术要求;工程建设的质量、安全、卫生、环境保护要求及国家需要控制的工程建设的其他要求;污染物排放限值和环境质量要求;保护动植物生命安全和健康的要求;防止欺骗、保护消费者利益的要求;国家需要控制的重要产品的技术要求。国家标准化管理委员会又在 2002 年 2 月 24 日印发了《关于加强强制性标准管理的若干规定》,进一步明确了强制性标准的限制内容、编写要求和审批程序。2017 年 11 月 4 日,第十二届全国人民代表大会常务委员会第三十次会议对《中华人民共和国标准化法》进行修订,自 2018 年 1 月 1 日起施行。新修订的《标准化法》明确农业、工业、服务业以及社会事业的各个领域,需要统一的技术要求,都应当制定标准。新《标准化法》规定,国家鼓励社会团体协调相关市场主体共同制定满足市场和创新需要的团体标准,由本团体成员约定采用或者按照本团体的规定供社会自愿采用。同时,企业可以根据需要自行制定企业标准,或者与其他企业联合制定企业标准。国家支持在重要行业、战略性新兴产业、关键共性技术等领域利用自主创新技术制定团体标准、企业标准。

我国现行的食用菌技术标准层级结构见图 2 - 1。

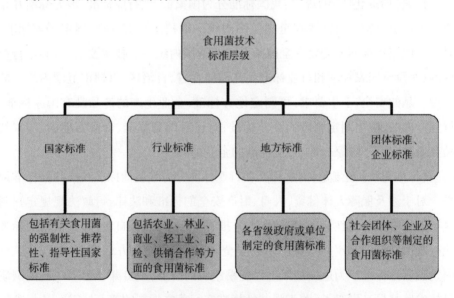

图 2 - 1　我国现行食用菌技术标准层级结构图

# 第二节 我国食用菌技术标准产生及建设进程

我国食用菌技术标准的制定及其体系建设的发展历程与我国的政治、经济、文化、社会的发展息息相关。随着我国政治形势、经济形势和食用菌产业的变化和发展，我国食用菌技术标准及其体系建设也经历了从无到有、从有到优的发展历程。

我国的食用菌技术标准建设起步于 20 世纪六七十年代，我国食用菌产品的第一个国家标准是由商业部组织起草的《黑木耳》(GBL 192—86)，在 1986年 8 月 1 日起实施。随后，由农业部和商业部共同承担了由国家质量技术监督局提出的 21 个食用菌标准项目，分别由上海市农业科学院食用菌研究所和昆明食用菌研究所负责起草，到 1991 年 12 月，上述 21 个食用菌标准项目已全部完成，并通过审定。我国是食用菌出口大国，原轻工业部早在 1964 年就制定了针对草菇罐头的部分标准《鲜草菇罐头》(QB 483—64)以满足食用菌罐头出口的需要，随后于 1974 年又制定了针对蘑菇罐头的标准《蘑菇罐头》(QB 308—74)，在 1991~1999 年间，又相继制定了针对香菇猪脚腿、猴头菇、金针菇、香菇滑子蘑等食用菌罐头的标准。根据市场和生产的需要，近几年，我国有关部门又对食用菌罐头标准进行过多次修订。卫生部从食品安全角度出发，从 1986年起，也制定了几个食用菌卫生标准和食用菌卫生管理办法。与此同时，一些省、市也相继制定了一些有关食用菌的地方标准。同时，为了规范我国食用菌菌种的生产、销售混乱的状况，农业部于 1996 年 7 月 1 日制定并发布了《全国食用菌菌种暂行管理办法》，以解决中国食用菌菌种的生产和经营中存在的问题。1999 年 4 月，又在福州召开了"全国食用菌菌种质量标准研讨会"，确定了中国第一批制定针对双孢蘑菇、平菇、香菇、黑木耳四种食用菌的菌种标准。从2000 年起，农业部在每年的农业标准制定计划中，都有 4~6 项食用菌标准的制定任务，在 2013 年，我国食用菌领域有 7 项食用菌标准制定计划和修订计划获国家标准项目立项。随着市场对无公害食品的需求，农业部在 2002 年又组织中国农业科学院、上海市农业科学院等单位，起草了针对平菇、香菇、双孢蘑菇、黑木耳、金针菇等几种食用菌的无公害标准和无公害食用菌培养基质安全技术要求等。截止到 2018 年底,我国已发布并实施了涉及食用菌方面的国家标准、行业标准总计 200 多项,其中现行有效的食用菌国家标准、行业标准约为 120 项。

　　总之,随着食用菌生产和贸易的发展,我国加大了食用菌技术标准的制定和修订工作的推进力度,我国食用菌标准与国际标准接轨工作正在进行,正逐步形成以国家标准为主体,行业标准为补充,强制性标准与推荐性标准互为侧重,基础标准、产品标准、方法标准协调配套的新局面,正从技术标准制定的起步阶段向标准体系逐步完善的成熟阶段迈进。

# 第三节　我国食用菌技术标准的数量及构成

## 一、现行食用菌国家技术标准情况

　　通过对我国现行有效的食用菌国家技术标准进行收集和初步整理,据不完全统计,截止到 2018 年底,我国现行的食用菌国家技术标准共计 34 项,见表 2 - 1,基本涵盖了食用菌菌种、食用菌产品加工、食用菌品种选育、食用菌组分测定、食用菌农药残留、食用菌卫生、食用菌产品流通、食用菌产业管理等多个方面。从标准的属性来看,我国现行的食用菌国家技术标准包括强制性国家技术标准 7 项,占总数的 21%,推荐性国家技术标准 25 项,占总数的 74%,指导性国家技术标准 2 项,占总数的 5%,见图 2 - 2。从食用菌技术标准的类型来看,涉及食用菌产品的标准有 15 项,占总数的 44%,食用菌生产技术规范标准 7 项,占总数的 20%,食用菌安全卫生标准 2 项,占总数的 6%,食用菌检测试验方法标准 6 项,占总数的 18%,食用菌流通及管理规范标准 3 项,占总数的 9%,食用菌基础技术标准 1 项,占总数的 3%,见图 2 - 3。从标准的标龄来看,现行的食用菌国家技术标准都是在 2000 年以后制定并实施的,在 34 项国家标准当中,标龄小于 5 年(含 5 年)的有 8 项,占总数的 24%,标龄在 5 年以上 10 年以下(含 10 年)的有 18 项,占总数的 52%,标龄在 10 年以上的有 8 项,占总数的 24%,见图 2 - 4。

表 2 - 1    我国现行食用菌国家技术标准汇总表

| 序号 | 标准编号 | 标准名称 | 标准属性 |
|---|---|---|---|
| 1 | GB 19169—2003 | 《黑木耳菌种》 | 强制性国家标准 |
| 2 | GB 19170—2003 | 《香菇菌种》 | 强制性国家标准 |
| 3 | GB 19171—2003 | 《双孢蘑菇菌种》 | 强制性国家标准 |
| 4 | GB 19172—2003 | 《平菇菌种》 | 强制性国家标准 |
| 5 | GB 7096—2014 | 《食品安全国家标准 食用菌及其制品》 | 强制性国家标准 |
| 6 | GB 1903.22—2016 | 《食品安全国家标准 食品营养强化剂 富硒食用菌粉》 | 强制性国家标准 |
| 7 | GB 23200.12—2016 | 《食品安全国家标准 食用菌中440种农药及相关化学品残留量的测定 液相色谱 - 质谱法》 | 强制性国家标准 |
| 8 | GB/T 18525.5—2001 | 《干香菇辐照杀虫防霉工艺》 | 推荐性国家标准 |
| 9 | GB/T 12728—2006 | 《食用菌术语》 | 推荐性国家标准 |
| 10 | GB/T 14151—2006 | 《蘑菇罐头》 | 推荐性国家标准 |
| 11 | GB/T 21125—2007 | 《食用菌品种选育技术规范》 | 推荐性国家标准 |
| 12 | GB/T 12533—2008 | 《食用菌杂质测定》 | 推荐性国家标准 |
| 13 | GB/T 19087—2008 | 《地理标志产品 庆元香菇》 | 推荐性国家标准 |
| 14 | GB/T 22746—2008 | 《地理标志产品 泌阳花菇》 | 推荐性国家标准 |
| 15 | GB/T 23189—2008 | 《平菇》 | 推荐性国家标准 |
| 16 | GB/T 6192—2008 | 《黑木耳》 | 推荐性国家标准 |
| 17 | GB/T 23188—2008 | 《松茸》 | 推荐性国家标准 |
| 18 | GB/T 23190—2008 | 《双孢蘑菇》 | 推荐性国家标准 |
| 19 | GB/T 23191—2008 | 《牛肝菌 美味牛肝菌》 | 推荐性国家标准 |
| 20 | GB/T 15673—2009 | 《食用菌中粗蛋白含量的测定》 | 推荐性国家标准 |
| 21 | GB/T 15674—2009 | 《食用菌中粗脂肪含量的测定》 | 推荐性国家标准 |
| 22 | GB/T 15672—2009 | 《食用菌中总糖含量的测定》 | 推荐性国家标准 |
| 23 | GB/T 23775—2009 | 《压缩食用菌》 | 推荐性国家标准 |
| 24 | GB/T 23599—2009 | 《草菇菌种》 | 推荐性国家标准 |
| 25 | GB/T 23395—2009 | 《地理标志产品 卢氏黑木耳》 | 推荐性国家标准 |
| 26 | GB/T 29368—2012 | 《银耳菌种生产技术规范》 | 推荐性国家标准 |

续表

| 序号 | 标准编号 | 标准名称 | 标准属性 |
|---|---|---|---|
| 27 | GB/T 29369—2012 | 《银耳生产技术规范》 | 推荐性国家标准 |
| 28 | GB/T 29344—2012 | 《灵芝孢子粉采收及加工技术规范》 | 推荐性国家标准 |
| 29 | GB/T 34317—2017 | 《食用菌速冻品流通规范》 | 推荐性国家标准 |
| 30 | GB/T 34318—2017 | 《食用菌干制品流通规范》 | 推荐性国家标准 |
| 31 | GB/T 34671—2017 | 《银耳干制技术规范》 | 推荐性国家标准 |
| 32 | GB/T 35880—2018 | 《银耳菌种质量检验规程》 | 推荐性国家标准 |
| 33 | GB/Z 26587—2011 | 《香菇生产技术规范》 | 指导性国家标准 |
| 34 | GB/Z 35041—2018 | 《食用菌产业项目运营管理规范》 | 指导性国家标准 |

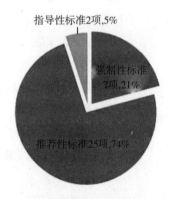

图 2-2　现行食用菌国家技术标准属性情况

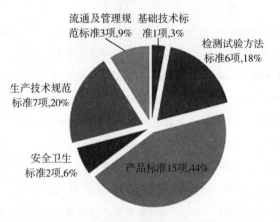

图 2-3　现行食用菌国家技术标准类型情况

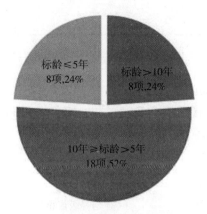

标龄≤5年
8项,24%

标龄＞10年
8项,24%

10年≥标龄＞5年
18项,52%

图2-4　现行食用菌国家技术标准标龄情况

# 二、我国现行食用菌行业技术标准情况

据不完全统计,截止到2018年末,我国现行食用菌行业标准共计86项,见表2-2。包括行业强制性标准3项,行业推荐性标准83项。其中强制性农业标准和推荐性农业标准有53项,占总数的62%;推荐性林业标准有12项,占总数的14%;推荐性轻工标准8项,占总数的9%;推荐性商业标准4项,占总数的5%;推荐性商检标准6项,占总数的7%;供销合作行业标准3项,占总数的3%,见表2-3。从标准类型结构来看,现行食用菌行业技术标准包括产品标准34项,占总数的40%;检验检测标准28项,占总数的33%;生产技术规程18项,占总数的21%;安全卫生环境标准3项,占总数的3%;通用标准3项,占总数的3%,见图2-5。从整个食用菌行业技术标准标龄来看,近5年的行业标准有25项,占总数的29%,而推荐性轻工业标准、推荐性商检标准、推荐性商业标准、推荐性供销合作标准中50%的标准还都是20世纪90年代制定的,特别是关于出口食用菌的检测及罐头制品的技术标准已经不能适应行业发展、与国际贸易接轨的需要,见图2-6。

表2-2　我国现行食用菌行业标准汇总表

| 序号 | 标准编号 | 标准名称 | 标准属性 |
|------|----------|----------|----------|
| 1 | NY 5099—2002 | 无公害食品　食用菌栽培基质安全技术要求 | 强制性农业标准 |
| 2 | NY 862—2004 | 杏鲍菇和白灵菇菌种 | 强制性农业标准 |
| 3 | NY 5358—2007 | 无公害食品 食用菌产地环境条件 | 强制性农业标准 |

续表

| 序号 | 标准编号 | 标准名称 | 标准属性 |
|---|---|---|---|
| 4 | NY/T 445—2001 | 《口蘑》 | 推荐性农业标准 |
| 5 | NY/T 446—2001 | 《灰树花》 | 推荐性农业标准 |
| 6 | NY/T 695—2003 | 《毛木耳》 | 推荐性农业标准 |
| 7 | NY/T 833—2004 | 《草菇》 | 推荐性农业标准 |
| 8 | NY/T 834—2004 | 《银耳》 | 推荐性农业标准 |
| 9 | NY/T 836—2004 | 《竹荪》 | 推荐性农业标准 |
| 10 | NY/T 1061—2006 | 《香菇等级规格》 | 推荐性农业标准 |
| 11 | NY/T 1097—2006 | 《食用菌菌种真实性鉴定 酯酶同工酶电泳法》 | 推荐性农业标准 |
| 12 | NY/T 1098—2006 | 《食用菌品种描述技术规范》 | 推荐性农业标准 |
| 13 | NY/T 1204—2006 | 《食用菌热风脱水加工技术规范》 | 推荐性农业标准 |
| 14 | NY/T 1257—2006 | 《食用菌中荧光物质的检测》 | 推荐性农业标准 |
| 15 | NY/T 224—2006 | 《双孢蘑菇》 | 推荐性农业标准 |
| 16 | NY/T 1283—2007 | 《香菇中甲醛含量的测定》 | 推荐性农业标准 |
| 17 | NY/T 1284—2007 | 《食用菌菌种中杂菌及害虫的检验》 | 推荐性农业标准 |
| 18 | NY/T 1373—2007 | 《食用菌中亚硫酸盐的测定 充氮蒸馏–分光光度计法》 | 推荐性农业标准 |
| 19 | NY/T 1464.10—2007 | 《农药田间药效试验准则 第10部分:杀菌剂防治蘑菇湿孢病》 | 推荐性农业标准 |
| 20 | NY/T 1676—2008 | 《食用菌中粗多糖含量的测定》 | 推荐性农业标准 |
| 21 | NY/T 1677—2008 | 《破壁灵芝孢子粉破壁率的测定》 | 推荐性农业标准 |
| 22 | NY/T 1730—2009 | 《食用菌菌种真实性鉴定 ISSR 法》 | 推荐性农业标准 |
| 23 | NY/T 1731—2009 | 《食用菌菌种良好作业规范》 | 推荐性农业标准 |
| 24 | NY/T 1742—2009 | 《食用菌菌种通用技术要求》 | 推荐性农业标准 |
| 25 | NY/T 1743—2009 | 《食用菌菌种真实性鉴定 RAPD 法》 | 推荐性农业标准 |
| 26 | NY/T 1790—2009 | 《双孢蘑菇等级规格》 | 推荐性农业标准 |
| 27 | NY/T 1836—2010 | 《白灵菇等级规格》 | 推荐性农业标准 |
| 28 | NY/T 1838—2010 | 《黑木耳等级规格》 | 推荐性农业标准 |
| 29 | NY/T 1844—2010 | 《农作物品种审定规范 食用菌》 | 推荐性农业标准 |
| 30 | NY/T 1845—2010 | 《食用菌菌种区别性鉴定 拮抗反应》 | 推荐性农业标准 |

| 序号 | 标准编号 | 标准名称 | 标准属性 |
|---|---|---|---|
| 31 | NY/T 1846—2010 | 《食用菌菌种检测规程》 | 推荐性农业标准 |
| 32 | NY/T 1934—2010 | 《双孢蘑菇、金针菇贮运技术规范》 | 推荐性农业标准 |
| 33 | NY/T 1935—2010 | 《食用菌栽培基质质量安全要求》 | 推荐性农业标准 |
| 34 | NY/T 528—2010 | 《食用菌菌种生产技术规程》 | 推荐性农业标准 |
| 35 | NY/T 1464.37—2011 | 《农药田间药效试验准则 第37部分:杀虫剂防治蘑菇菌蛆和害螨》 | 推荐性农业标准 |
| 36 | NY/T 2018—2011 | 《鲍鱼菇生产技术规程》 | 推荐性农业标准 |
| 37 | NY/T 2064—2011 | 《秸秆栽培食用菌霉菌污染综合防控技术规范》 | 推荐性农业标准 |
| 38 | NY/T 2117—2012 | 《双孢蘑菇冷藏及冷链运输技术规范》 | 推荐性农业标准 |
| 39 | NY/T 2213—2012 | 《辐照食用菌鉴定 热释光法》 | 推荐性农业标准 |
| 40 | NY/T 2278—2012 | 《灵芝产品中灵芝酸含量的测定 高效液相色谱法》 | 推荐性农业标准 |
| 41 | NY/T 2279—2012 | 《食用菌中岩藻糖、阿糖醇、海藻糖、甘露醇、葡萄糖、半乳糖、核糖的测定 离子色谱法》 | 推荐性农业标准 |
| 42 | NY/T 2280—2012 | 《双孢蘑菇中蘑菇氨酸的测定 高效液相色谱法》 | 推荐性农业标准 |
| 43 | NY/T 2375—2013 | 《食用菌生产技术规范》 | 推荐性农业标准 |
| 44 | NY/T 2523—2013 | 《植物新品种特异性、一致性和稳定性测试指南 金顶侧耳》 | 推荐性农业标准 |
| 45 | NY/T 2524—2013 | 《植物新品种特异性、一致性和稳定性测试指南 双胞蘑菇》 | 推荐性农业标准 |
| 46 | NY/T 2588—2014 | 《植物新品种特异性、一致性和稳定性测试指南 黑木耳》 | 推荐性农业标准 |
| 47 | NY/T 2798.5—2015 | 《无公害农产品 生产质量安全控制技术规范 第5部分:食用菌》 | 推荐性农业标准 |
| 48 | NY/T 2715—2015 | 《平菇等级规格》 | 推荐性农业标准 |
| 49 | NY/T 3117—2017 | 《杏鲍菇工厂化生产技术规程》 | 推荐性农业标准 |

第二章 我国食用菌技术标准现状

| 序号 | 标准编号 | 标准名称 | 标准属性 |
|---|---|---|---|
| 50 | NY/T 3170—2017 | 《香菇中香菇素含量的测定 气相色谱－质谱联用法》 | 推荐性农业标准 |
| 51 | NY/T 749—2018 | 《绿色食品 食用菌》 | 推荐性农业标准 |
| 52 | NY/T3220—2018 | 《食用菌包装及贮运技术规范》 | 推荐性农业标准 |
| 53 | NY/T 3291—2018 | 《食用菌菌渣发酵技术规程》 | 推荐性农业标准 |
| 54 | LY/T 1649—2005 | 《保鲜黑木耳》 | 推荐性林业标准 |
| 55 | LY/T 1651—2005 | 《松口蘑采收及保鲜技术规程》 | 推荐性林业标准 |
| 56 | LY/T 1207—2007 | 《黑木耳块》 | 推荐性林业标准 |
| 57 | LY/T 1577—2009 | 《食用菌、山野菜干制品压缩块》 | 推荐性林业标准 |
| 58 | LY/T 1826—2009 | 《木灵芝干品质量》 | 推荐性林业标准 |
| 59 | LY/T 1919—2010 | 《元蘑干制品》 | 推荐性林业标准 |
| 60 | LY/T 2133—2013 | 《森林食品 榛蘑干制品》 | 推荐性林业标准 |
| 61 | LY/T 2465—2015 | 《榛蘑》 | 推荐性林业标准 |
| 62 | LY/T 2476—2015 | 《灵芝短段木栽培技术规程》 | 推荐性林业标准 |
| 63 | LY/T 2543—2015 | 《双孢蘑菇林下栽培技术规程》 | 推荐性林业标准 |
| 64 | LY/T 2775—2016 | 《黑木耳块生产综合能耗》 | 推荐性林业标准 |
| 65 | LY/T 2841—2017 | 《黑木耳菌包生产技术规程》 | 推荐性林业标准 |
| 66 | QB/T 1357—1991 | 《香菇猪脚腿罐头》 | 推荐性轻工标准 |
| 67 | QB/T 1397—1991 | 《猴头菇罐头》 | 推荐性轻工标准 |
| 68 | QB/T 1398—1991 | 《金针菇罐头》 | 推荐性轻工标准 |
| 69 | QB/T 1399—1991 | 《香菇罐头》 | 推荐性轻工标准 |
| 70 | QB/T 3615—1999 | 《草菇罐头》 | 推荐性轻工标准 |
| 71 | QB/T 3619—1999 | 《滑子蘑罐头》 | 推荐性轻工标准 |
| 72 | QB/T 4630—2014 | 《香菇肉酱罐头》 | 推荐性轻工标准 |
| 73 | QB/T 4706—2014 | 《调味食用菌类罐头》 | 推荐性轻工标准 |
| 74 | SB/T 10038—1992 | 《草菇》 | 推荐性商业标准 |
| 75 | SB/T 10484—2008 | 《菇精调味料》 | 推荐性商业标准 |
| 76 | SB/T 10717—2012 | 《栽培蘑菇 冷藏和冷藏运输指南》 | 推荐性商业标准 |
| 77 | SB/T11099—2014 | 《食用菌流通规范》 | 推荐性商业标准 |
| 78 | SN/T 0632—1997 | 《出口干香菇检验规程》 | 推荐性商检标准 |
| 79 | SN/T 0631—1997 | 《出口脱水蘑菇检验规程》 | 推荐性商检标准 |
| 80 | SN/T 0633—1997 | 《出口盐渍食用菌检验规程》 | 推荐性商检标准 |

| 序号 | 标准编号 | 标准名称 | 标准属性 |
|------|----------|----------|----------|
| 81 | SN/T 2074—2008 | 《主要食用菌中转基因<br>成分定性 PCR 检测方法》 | 推荐性商检标准 |
| 82 | SN/T 4255—2015 | 《出口蘑菇罐头质量安全控制规范》 | 推荐性商检标准 |
| 83 | SN/T 0626.7—2016 | 《进出口速冻蔬菜检验规程<br>第 7 部分：食用菌》 | 推荐性商检标准 |
| 84 | GH/T 1013—2015 | 《香菇》 | 推荐性供销合作标准 |
| 85 | GH/T 1132—2017 | 《干制金针菇》 | 推荐性供销合作标准 |
| 86 | GH/T 1133—2017 | 《灵芝破壁孢子粉》 | 推荐性供销合作标准 |

表 2-3　我国现行食用菌行业技术标准属性分析

| 行业/标准属性 | 数　量 | 大约比例/% |
|---------------|--------|------------|
| 农业/强制性 | 3 | 4 |
| 农业/推荐性 | 50 | 58 |
| 林业/推荐性 | 12 | 14 |
| 轻工业/推荐性 | 8 | 9 |
| 商业/推荐性 | 4 | 5 |
| 商检/推荐性 | 6 | 7 |
| 供销合作/推荐性 | 3 | 3 |
| 合计 | 86 | 100 |

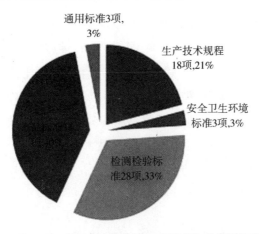

图 2-5　我国现行食用菌行业技术标准类型情况

35

第二章　我国食用菌技术标准现状

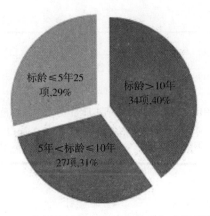

图2-6 我国现行食用菌行业技术标准标龄情况

## 三、现行食用菌地方技术标准情况

我国食用菌地方技术标准的建立与各地食用菌产业的发展联系十分紧密。在2000年以后,随着我国各地食用菌产业的快速发展,各省、市科研单位与生产企业互相联合制定食用菌技术标准,有效促进了食用菌地方技术标准的制定和修订工作,我国部分省、市现行食用菌地方技术标准见附录。以福建省为例,从1996年至2013年,该省相关的食用菌地方技术标准就有70多项,除对福鼎白色双孢蘑菇、浦城原木赤灵芝、古田银耳、寿宁花菇、金针菇、茶树菇等栽培品种建立了技术标准综合体系外,还针对菌种资源建立了详尽的通用技术标准体系,见表2-4。关于无公害食品阿魏菇的技术标准在新疆维吾尔自治区就包括了17项,见表2-5。该技术标准体系实现了对阿魏菇各个生产环节的全覆盖。此外,浙江省对无公害杏鲍菇的产地环境、菌种、原辅料、栽培技术规程4个方面制定了技术标准,也形成了标准体系,见表2-6。地方标准具有更新速度快、实用性较强等优势,部分省、市还建立技术标准体系对食用菌生产进行有效的支撑,这对生产高品质的食用菌产品起到了不容忽视的保障作用。但同时我们也应看到,地方标准和企业标准的适用范围容易受到生产地域和条件的限制,通用性不强,部分省、市对同一食用菌产品的技术标准要求差异较大,甚至还存在部分标准内容相互矛盾的地方,而这些情况也是食用菌在规范生产过程中的不利因素。

**表 2-4  福建省食用菌菌种技术标准体系一览表**

| 序号 | 标准编号 | 标准名称 |
|---|---|---|
| 1 | DB35/T 1020—2010 | 《食用菌种质资源保藏管理规程》 |
| 2 | DB35/T 1021—2010 | 《食用菌品种鉴别技术规范-DNA指纹法》 |
| 3 | DB35/T 1022—2010 | 《食用菌菌种纯度检测方法》 |
| 4 | DB35/T 1023—2010 | 《食用菌菌种矿油保藏技术规范》 |
| 5 | DB35/T 1024—2010 | 《食用菌菌种资源描述规范》 |
| 6 | DB35/T 1025—2010 | 《食用菌菌种评价技术规范》 |
| 7 | DB35/T 1026—2010 | 《野生食用菌菌种分离与鉴定技术规范》 |

**表 2-5  新疆维吾尔自治区阿魏菇技术标准体系一览表**

| 序号 | 标准编号 | 标准名称 |
|---|---|---|
| 1 | DB65/T 2926—2009 | 《无公害食品 阿魏菇标准体系总则》 |
| 2 | DB65/T 2927—2009 | 《无公害食品 阿魏菇原生态产地环境》 |
| 3 | DB65/T 2928—2009 | 《无公害食品 阿魏菇生产基地环境要求》 |
| 4 | DB65/T 2929—2009 | 《无公害食品 阿魏菇栽培设施技术规程》 |
| 5 | DB65/T 2930—2009 | 《无公害食品 阿魏菇场地消毒投入品要求》 |
| 6 | DB65/T 2931—2009 | 《无公害食品 阿魏菇培养基投入品要求》 |
| 7 | DB65/T 2932—2009 | 《无公害食品 阿魏菇出菇环节投入品要求》 |
| 8 | DB65/T 2933—2009 | 《无公害食品 阿魏菇野生菌种采集技术规程》 |
| 9 | DB65/T 2934—2009 | 《无公害食品 阿魏菇菌种生产技术规程》 |
| 10 | DB65/T 2935—2009 | 《无公害食品 阿魏菇出菇袋生产技术规程》 |
| 11 | DB65/T 2936—2009 | 《无公害食品 阿魏菇出菇生产技术规程》 |
| 12 | DB65/T 2937—2009 | 《无公害食品 阿魏菇采收技术规程》 |
| 13 | DB65/T 2938—2009 | 《无公害食品 阿魏菇出菇菌袋废料处理技术规程》 |
| 14 | DB65/T 2939—2009 | 《无公害食品 阿魏菇》 |
| 15 | DB65/T 2940—2009 | 《无公害食品 阿魏菇鲜菇感观质量分级标准》 |
| 16 | DB65/T 2941—2009 | 《无公害食品 阿魏菇保鲜包装技术规程》 |
| 17 | DB65/T 2942—2009 | 《无公害食品 阿魏菇销售环节质量保证技术规程》 |

表2-6 浙江省无公害杏鲍菇标准体系一览表

| 序号 | 标准编号 | 标准名称 |
|---|---|---|
| 1 | DB33/T 636.1—2007 | 《无公害杏鲍菇 第1部分:产地环境》 |
| 2 | DB33/T 636.2—2007 | 《无公害杏鲍菇 第2部分:菌种》 |
| 3 | DB33/T 636.3—2007 | 《无公害杏鲍菇 第3部分:原辅材料》 |
| 4 | DB33/T 636.4—2007 | 《无公害杏鲍菇 第4部分:栽培技术规程》 |

# 第四节 我国食用菌技术标准发展趋势

## 一、技术标准及标准体系日趋完善

我国近年来制定、修订的食用菌技术标准已经比较系统化、规范化,通用卫生标准、产品标准、操作规程等已基本形成体系。在2000年以后,国家先后出台和修订了《食用菌品种选育技术规范》(GB/T 21125—2007)、《食用菌菌种通用技术要求》(NY/T 1742—2009)、《食用菌栽培基质质量安全要求》(NY/T 1935—2010)、《绿色食品 食用菌》(NY/T 749—2012)、《食用菌生产技术规范》(NY/T 2375—2013)等食用菌通用技术标准。通过对标准的细化分类,进一步整合重复标准,逐步改善我国食用菌产品标准过多,而通用标准过少,部分标准重复制定等不合理、不科学的现状。如将原来有关轻工业食用菌罐头制品的标准中的7项标准在《调味食用菌类罐头》(QB/T 4706—2014)标准中做统一要求,这些措施都体现了我国食用菌技术标准正在逐步优化,逐渐由过去的繁杂、重复向规范、科学、有效、实用的方向发展。

## 二、技术标准的制定和修订速度明显加快

目前,我国正在执行的34项食用菌国家技术标准都是2000年以后制定和出台的,仅2008年就出台11项食用菌国家技术标准。食用菌林业标准和农业技术标准均为2000年后出台。而在食用菌标准的废止和更新方面,我国已废止的食用菌国家标准及行业标准有46项,2016~2018年间,废止的食用菌标准

就有 12 项,见表 2-7。从废止标准层面上看,我国食用菌技术标准的更新正在加快,逐渐与生产实际和食用菌产业发展接轨。

表 2-7　我国已经废止的食用菌国家标准和行业标准

| 序号 | 标准编号 | 标准名称 | 标准状态 |
|---|---|---|---|
| 1 | GB 8859—1988 | 《脱水蘑菇》 | 1994.1 废止 |
| 2 | GB 19087—2003 | 《原产地域产品 庆元香菇》 | 2008.11 废止 |
| 3 | GB 7096—2003 | 《食用菌卫生标准》 | 2004.9 废止 |
| 4 | GB 11675—2003 | 《银耳卫生标准》 | 2004.9 废止 |
| 5 | GB 7098—2003 | 《食用菌罐头卫生标准》 | 2016.11 废止 |
| 6 | GB/T 6192—1986 | 《黑木耳》 | 2008.12 废止 |
| 7 | GB/T 12530—1990 | 《食用菌取样方法》 | 2005.10 废止 |
| 8 | GB/T 12531—1990 | 《食用菌水分测定》 | 2005.10 废止 |
| 9 | GB/T 12532—1990 | 《食用菌灰分测定》 | 2008.12 废止 |
| 10 | GB/T 12533—1990 | 《食用菌杂质测定》 | 2008.12 废止 |
| 11 | GB/T 15672—1995 | 《食用菌总糖含量测定方法》 | 2009.12 废止 |
| 12 | GB/T 15673—1995 | 《食用菌粗蛋白质含量测定方法》 | 2009.12 废止 |
| 13 | GB/T 15674—1995 | 《食用菌粗脂肪含量测定方法》 | 2009.12 废止 |
| 14 | GB/T 14151—1999 | 《蘑菇罐头》 | 2006.12 废止 |
| 15 | GB/T 5009.189—2003 | 《银耳中米酵菌酸的测定》 | 2017.6 废止 |
| 16 | GB/T 12532—2008 | 《食用菌灰分测定》 | 2017.3 废止 |
| 17 | GB/T 23202—2008 | 《食用菌中 440 种农药及相关化学品残留量的测定 液相色谱 - 串联质谱法》 | 2017.6 废止 |
| 18 | GB/T 23216—2008 | 《食用菌中 503 种农药及相关化学品残留量的测定 气相色谱 - 质谱法》 | 2017.6 废止 |
| 19 | NY 5096—2002 | 《无公害食品 平菇》 | 2006.10 废止 |
| 20 | NY 5097—2002 | 《无公害食品 双孢蘑菇》 | 2006.10 废止 |
| 21 | NY 5098—2002 | 《无公害食品 黑木耳》 | 2006.10 废止 |
| 22 | NY 5095—2002 | 《无公害食品 香菇》 | 2006.10 废止 |
| 23 | NY 5330—2006 | 《无公害食品 食用菌》 | 2006.10 废止 |
| 24 | NY 5095—2006 | 《无公害食品 食用菌》 | 2014.1 废止 |

续表

| 序号 | 标准编号 | 标准名称 | 标准状态 |
|---|---|---|---|
| 25 | NY 5186—2002 | 《无公害食品 干制金针菇》 | 2014.1 废止 |
| 26 | NY 5187—2002 | 《无公害食品 罐装金针菇》 | 2014.1 废止 |
| 27 | NY 5246—2004 | 《无公害食品 鸡腿菇》 | 2014.1 废止 |
| 28 | NY 5247—2004 | 《无公害食品 茶树菇》 | 2014.1 废止 |
| 29 | NY1500.70.2—2009 | 《农药最大残留限量 甲氨基阿维菌素苯甲酸盐 蘑菇》 | 2013.3 废止 |
| 30 | NY/T 224—1994 | 《双孢蘑菇》 | 2006.4 废止 |
| 31 | NY/T 223—1994 | 《侧耳》 | 2006.4 废止 |
| 32 | NY/T 528—2002 | 《食用菌菌种生产技术规程》 | 2010.9 废止 |
| 33 | NY/T 749—2003 | 《绿色食品 食用菌》 | 2013.3 废止 |
| 34 | NY/T 5333—2006 | 《无公害食品 食用菌生产技术规范》 | 2013.8 废止 |
| 35 | NY/T 749—2012 | 《绿色食品 食用菌》 | 2018.5 废止 |
| 36 | LY/T 1208—1997 | 《段木栽培黑木耳技术》 | 2018.9 废止 |
| 37 | LY/T 1696—2007 | 《姬松茸》 | 2018.9 废止 |
| 38 | LY/T 2040—2012 | 《北方杏鲍菇栽培技术规程》 | 2018.9 废止 |
| 39 | LY/T 2132—2013 | 《森林食品 猴头菇干制品》 | 2018.9 废止 |
| 40 | QB/T 3601—1999 | 《香菇肉酱罐头》 | 2014.10 废止 |
| 41 | SB/T 10039—1992 | 《香菇》 | 1998.1 废止 |
| 42 | SN/T 1004—2001 | 《出口蘑菇罐头中尿素残留量检验方法》 | 2014.3 废止 |
| 43 | SN/T 0860—2000 | 《出口蘑菇罐头中硒的测定方法荧光分光光度法》 | 2016.11 废止 |
| 44 | SN/T 0626.7—1997 | 《出口速冻蔬菜检验规程食用菌》 | 2016.10 废止 |
| 45 | JB/T 10177—2000 | 《箱式热风食用菌干燥机》 | 2010.1 废止 |
| 46 | GH/T 1013—1998 | 《香菇》 | 2015.6 废止 |

## 三、技术标准中安全卫生指标重视程度不断加强

从目前我国食用菌产品出口情况来看,重金属超标、农药残留、食品添加剂使用不当等食品安全问题逐渐成为制约我国食用菌出口创汇的主要瓶颈。其

原因是多方面的,其中标准不统一、指标不合理无疑是导致上述情况发生不可回避的原因。2005 年,我国修订并颁布了《食品中农药残留最大限量》(GB 2763—2005),只规定了蘑菇中咪鲜胺的最大限量,而在 2012 年修订的《食品安全国家标准 食品中农药最大残留限量》(GB 2763—2012)中对百菌清、2,4 - 滴、氟氯氰菊酯、二硫代氨基甲酸盐等 17 种农药在食用菌施用中的残留明确规定了最大限量标准。《食品安全国家标准 食品中农药最大残留限量》(GB 2763—2014)增加了对除虫脲、氯菊酯两种农药残留量的限制,涉及食用菌的农药残留种类达到 19 种,且限定值也趋于合理。在 2016 年 12 月 18 日发布,并在 2017 年 6 月 18 日开始实施的 GB 2763—2016(取代 GB 2763—2014)涉及食用菌中的农药残留种类已经达到了 20 种,见表 2 - 8。我国对食用菌安全卫生技术标准的重视程度不断加强,能够有效地提高我国食用菌产品的质量安全,并为食用菌出口贸易提供有效的标准保障。

表 2 - 8  我国食用菌农药残留限量标准

| 序号 | 残留物 | 食品类别或名称 | MRIS 标准/ ( mg · kg$^{-1}$ ) | 参考标准 |
|---|---|---|---|---|
| 1 | 2,4 - 滴 和 2,4 - 滴钠盐 | 蘑菇类(鲜) | 0.10 | GB 2763—2016 |
| 2 | 百菌清 | 蘑菇类(鲜) | 5.00 | GB 2763—2016 |
| 3 | 除虫脲 | 蘑菇类(鲜) | 0.30 | GB 2763—2016 |
| 4 | 代森锰锌 | 蘑菇类(鲜) | 1.00 | GB 2763—2016 |
| 5 | 氟虫腈 | 蘑菇类(鲜) | 0.02 | GB 2763—2016 |
| 6 | 氟氯氰菊酯和高效氟氯氰菊酯 | 蘑菇类(鲜) | 0.30 | GB 2763—2016 |
| 7 | 氟氰戊菊酯 | 蘑菇类(鲜) | 0.20 | GB 2763—2016 |
| 8 | 腐霉利 | 蘑菇类(鲜) | 5.00 | GB 2763—2016 |
| 9 | 甲氨基阿维菌素苯甲酸盐 | 蘑菇类(鲜) | 0.05 | GB 2763—2016 |
| 10 | 乐果 | 蘑菇类(鲜) | 0.50 | GB 2763—2016 |
| 11 | 氯氟氰菊酯和高效氯氟氰菊酯 | 蘑菇类(鲜) | 0.50 | GB 2763—2016 |
| 12 | 氯菊酯 | 蘑菇类(鲜) | 0.10 | GB 2763—2016 |
| 13 | 氯氰菊酯和高效氯氰菊酯 | 蘑菇类(鲜) | 0.50 | GB 2763—2016 |
| 14 | 马拉硫磷 | 蘑菇类(鲜) | 0.50 | GB 2763—2016 |

41

续表

| 序号 | 残留物 | 食品类别或名称 | MRIS 标准/<br>（mg·kg⁻¹） | 参考标准 |
|---|---|---|---|---|
| 15 | 咪鲜胺和咪鲜胺锰盐 | 蘑菇类（鲜） | 2.00 | GB 2763—2016 |
| 16 | 氰戊菊酯和 S-氰戊菊酯 | 蘑菇类（鲜） | 0.20 | GB 2763—2016 |
| 17 | 噻菌灵 | 香菇（鲜） | 5.00 | GB 2763—2016 |
| 18 | 双甲脒 | 蘑菇类（鲜） | 0.50 | GB 2763—2016 |
| 19 | 五氯硝基苯 | 蘑菇类（鲜） | 0.10 | GB 2763—2016 |
| 20 | 溴氰菊酯 | 蘑菇类（鲜） | 0.20 | GB 2763—2016 |

## 四、技术标准层级结构进一步优化

长期以来,我国食用菌技术标准层级划分为四级,即国家标准、行业标准、地方标准和企业标准,这种划分方法固然在一定程度上调动了国家有关部门和地方政府推进食用菌标准化工作的积极性,但这种标准层级划分也导致了生产一线单位,如行业协会、专业合作组织等的民间自律性标准缺位问题,而这部分标准恰恰是食用菌产业走向市场化、标准化进程中最为急需的标准,也是量大面广的一类标准。伴随着我国市场经济的不断发展,产业结构调整与优化升级的深化,于 1988 年 12 月 29 日的第七届全国人民代表大会常务委员会第五次会议上通过的《中华人民共和国标准化法》已不能适应国家产业与经济发展的需要。2017 年 11 月 4 日,第十二届全国人民代表大会常务委员会第三十次会议修订《中华人民共和国标准化法》,新修订的《中华人民共和国标准化法》（简称《标准化法》）自 2018 年 1 月 1 日起施行。新修订的《标准化法》对我国技术标准层级进行了优化,规定国家鼓励社会团体协调相关市场主体共同制定满足市场和创新需要的团体标准,由本团体成员约定采用或者按照本团体的规定供社会自愿采用。同时,企业可以根据需要自行制定企业标准,或者与其他企业联合制定企业标准。国家支持在重要行业、战略性新兴产业、关键共性技术等领域利用自主创新技术制定团体标准、企业标准。如江苏省食用菌协会就在 2018 年 2 月发布了 3 项食用菌团体标准,见表 2-9。

表 2-9　江苏省食用菌协会发布的团体标准

| 序号 | 标准编号 | 标准名称 | 标准属性 |
|---|---|---|---|
| 1 | T/JSEFA 001—2018 | 《草菇菌种制作技术规程》 | 团体标准 |
| 2 | T/JSEFA 002—2018 | 《草腐食用菌栽培病虫害防控技术规程》 | 团体标准 |
| 3 | T/JSEFA 003—2018 | 《草腐食用菌厂房技术要求》 | 团体标准 |

第二章　我国食用菌技术标准现状

# 第三章 我国食用菌技术标准存在的
# 问题及制约因素

## 第一节 我国食用菌技术标准存在的问题

### 一、我国食用菌部分技术标准老化现象比较严重

我国《标准化法实施条例》第二十条明确规定,标准复审周期一般不应超过5年。但实际上,我国的标准更新周期长的现象是极为普遍的,食用菌技术标准也不例外。目前的统计数字显示:在现行的120项食用菌国家技术标准和行业技术标准中,标龄在5年以上的技术标准的数量为87项,占我国食用菌技术标准总量的73%,其他的情况见图3-1。我国食用菌技术标准存在老化现象,是我国食用菌技术标准水平低、市场适应性差的主要原因。由于我国食用菌技术标准得不到及时更新,标准的内容既不能及时反映食用菌产业发展和市场需求变化,也难以体现科技发展和技术进步。如现行有效的最早的食用菌行业标准《草菇》(SB/T 10038—1992),其标龄已达27年之久,该标准中部分引用标准早已经作废,但该标准却依然现行有效。在食用菌出口产品检验方面,我国现行有效的标准有《出口干香菇检验规程》(SN/T 0632—1997)、《出口脱水蘑菇检验规程》(SN/T 0631—1997)、《出口盐渍食用菌检验规程》(SN/T 0633—1997)等3项标准,而这3项标准全部是20多年前制定并实施的。在这20多年间,食用菌出口产品受到进口国更加严格的安全卫生检查,产品的生产、销售、运输、消费的全过程都要有利于环境,对人体健康无害,特别是对包装、贮藏、销售方面的要求十分严格。而作为食用菌出口大国的我国的食用菌产品标准、食用菌检验规程严重老化。

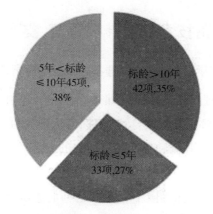

标龄>10年
42项,35%

5年<标龄
≤10年45项,
38%

标龄≤5年
33项,27%

图 3 - 1　食用菌国家标准及行业标准标龄分析图

# 二、对国际技术标准采标率低

发达国家关于食用菌的质量技术标准较为健全,例如 CAC 标准中涉及食用菌的标准共有 11 项,其中有 8 项是安全质量标准,3 项是方法标准;ISO 标准中涉及食用菌的标准有 1 项,是基础标准;欧盟指令中涉及食用菌的指令共有 13 项,这 13 项指令涉及的内容都是食用菌中农药残留限量,有 127 项涉及食用菌农药残留限量指标,而我国在《食品安全国家标准 食品中农药最大残留限量》(GB 2763—2016)中涉及的食用菌方面的卫生标准只有 20 项指标。近几年来,我国食用菌产品出口屡因安全卫生指标不符合进口国要求而被退货或被销毁,一部分是由国外设置技术壁垒造成的,在很大程度上也由我国食用菌产品在有害物质安全限量标准和相应的检测方法标准等方面与国际标准不接轨造成的。此外,我国与 WTO 的要求相比,在食用菌产品的加工、销售、运输、贮藏、出口等方面的技术标准陈旧,甚至有些领域仍无国家标准。这就导致了国内食用菌生产企业采标率低,我国食用菌产品生产难以适应国际市场的需求,出口屡受国外限制,还将使我国食用菌产品在发生技术性贸易纠纷时难以胜诉。因此要在充分考察分析我国国情的基础上,加快采用国际标准和国外先进标准的步伐。

# 三、我国食用菌技术标准存在重复、交叉现象

## (一)部分食用菌的强制性标准与推荐性标准之间界限不明

我国强制性标准被直接赋予了法律效力。我国强制性标准经历了由计划经济体制下所有标准都被强制执行,到将标准区分为强制性标准和推荐性标准,再到对标准进行全文强制和条文强制区分的发展过渡,在这一过程中,相应的技术标准未得到及时、有效的修订和完善,因此就造成了相当一部分强制性标准与推荐性标准之间存在界限不明的问题。上述情况在食用菌技术标准中的具体表现为应该实行条文强制的被实行全文强制。如《无公害食品 食用菌产地环境条件》(NY 5358—2007)等标准,这类标准的基本结构包括:范围、规范性引用文件、指标要求、食品添加剂、食品生产加工过程的卫生要求、包装、标识、贮存及运输、检验方法等几大部分,其中应该被强制执行的是指标要求、食品添加剂、食品生产加工过程的卫生要求、包装、标识、贮存及运输中与健康安全相关的条文。各种成分的检验方法应属推荐性标准的内容。合格评定程序和检验方法,可以通过政府或部分有关无公害认证、检查等法规的引用而实现强制执行。此外,对于无公害食用菌产地环境条件的标准也同样不应加以全文强制执行。

## (二)部分食用菌的国家标准、行业标准、地方标准之间界限不明,存在重复、交叉现象

根据《国民经济行业分类》(GB/T 4754—2011)中的分类,食用菌种植属于农业中的蔬菜、食用菌及园艺作物种植类,涉及领域广、范围宽。因此我国推行以部门为主、产品管理为辅的条块分割管理模式对食用菌质量安全进行管理,而我国与食用菌领域相关的国家级行政管理部门或委员会多达 10 余个,食用菌技术标准(截止到 2015 年)归口管理部门分析见表 3-1,这就造成了我国食用菌技术标准及其体系也十分复杂。因此除了国家标准(GB)外,还有农业标准(NY)、林业标准(LY)、商检标准(SN)、商业标准(SB)、准轻工业标准(QB)、供销合作标准(GH)等 6 类行业标准。参与食用菌技术标准体系建设的部门多、环节分解繁杂、行业划分细,就必然造成标准的内容重复、交叉等现象发生。如现行的国家标准《双孢蘑菇》(GB/T 23190—2008)与农业标准《双孢蘑菇》(NY/T 224—2006),这两项标准在对双孢蘑菇的分级、卫生要求、储藏运输等方

面内容上就存在较多重复、交叉之处。

表 3 - 1　食用菌技术标准归口管理部门分析

| 归口管理部门 | 国家标准 | 行业标准 | 指导标准 | 合计 | 百分比/% |
|---|---|---|---|---|---|
| 国家质量监督检验检疫总局 | 2 | — | — | 2 | 1.86 |
| 农业部 | 10 | 35 | — | 45 | 41.67 |
| 卫生部 | 2 | — | — | 2 | 1.86 |
| 商务部 | — | 2 | — | 2 | 1.86 |
| 国家林业局 | — | 7 | — | 7 | 6.49 |
| 国家出入境检验检疫局 | — | 5 | — | 5 | 4.55 |
| 中华全国供销合作总社 | 11 | 1 | — | 12 | 11.12 |
| 全国食品工业标准化技术委员会 | 2 | — | — | 2 | 1.86 |
| 全国原产地域产品标准化工作组 | 3 | — | — | 3 | 2.78 |
| 中国标准化研究院 | — | — | 1 | 1 | 0.93 |
| 全国蔬菜标准化技术委员会 | — | 4 | — | 4 | 3.71 |
| 全国食品发酵标准化中心 | — | 6 | — | 6 | 5.56 |
| 全国植物新品种测试标准化技术委员会 | — | 3 | — | 3 | 2.78 |
| 其他 * | — | 14 | — | 14 | 12.97 |
| 合计 | 30 | 77 | 1 | 108 | 100.00 |

＊注:其他包括全国调味品标准化技术委员会、黑龙江省森林工业总局以及相关的标准化技术委员会,数据分析截至 2015 年底。

　　食用菌产品质量安全标准方面也存在着重复、交叉的问题。如我国已修订的《食品安全国家标准 食品中污染物限量》(GB 2762—2012)与国际食品法典标准的等同性达到了 85%。《食品安全国家标准 食用菌及其制品》(GB 7096—2014)在食品中污染物限量方面应符合 GB 2762—2012 的规定,《食品安全国家标准　食品中污染物限量》(GB 2762—2012)中对食品中化学污染物限量要求明显高于食用菌的国家标准和 CAC 标准,比如规定铅的限量为 1 mg/kg,镉的限量为 0.5 mg/kg,砷的限量为 0.5 mg/kg,汞的限量为 0.1 mg/kg,而在《黑木耳》(GB/T 6192—2008)、《银耳》(NY/T 834—2004)等现行食用菌产品的国家标准和行业标准中,上述污染物的限量值都高于 GB 2762—2012 的规定①,若用食用菌产品标准做依据检验食用菌的安全性,则各项指标都合格,可以称之为合格产品,然而这个合格的食用菌产品却很可能不符合我国国家标准 GB 2762—2012 的要求,因为国家标准规定的污染物的限量低于食用菌产品的国家标准和行业标准规定的污染物的限量。

## 四、食用菌技术标准体系的覆盖领域存在空白

现有的食用菌技术标准体系中一方面有重复、交叉现象存在,另一方面也缺少市场急需标准。这在我国的食用菌产品质量安全标准体系方面表现得比较突出。近年来,随着外源物质(如农药、添加剂等)在农业产品生产过程中的使用,食用菌产品中农药等有毒、有害物质残留超标的问题,引发了贸易中各国的关注。我国国家强制标准《食品安全国家标准 食品中农药最大残留限量》(GB 2763—2016)明确规定了 2,4 - 滴、2,4 - 滴钠盐、百菌清等 20 种农药在食用菌施用中的残留量最大限量标准,见表 2 - 8。

从目前我国食用菌技术标准体系构架来看,我国虽然逐步建立了以国家标准和行业标准为主体,地方标准、企业标准为补充,强制性标准和推荐性标准互相参照,通用标准、基础标准、方法标准、产品标准协调配套的食用菌技术标准体系,但技术标准类型有缺失,设置不合理的问题依然存在。特别是目前关于食用菌行业规范性的质量管理体系、环境管理体系的国家标准和行业标准都还没有出台。关于产品储运、食用菌工厂化生产的技术标准太少。例如在产品储运方面仅有《双孢蘑菇、金针菇贮运技术规范》(NY/T 1934—2010)、《双孢蘑菇冷藏及冷链运输技术规范》(NY/T 2117—2012)、《栽培蘑菇 冷藏和冷藏运输指南》(SB/T 10717—2012)这 3 项技术标准。对于工厂化生产食用菌领域来说,仅有《金针菇工厂化栽培技术规程》(DB23/T 1372—2010)、《杏鲍菇工厂化生产技术规程》(DB32/T 1660—2010)、《杏鲍菇全程工厂式生产技术规程》(DB32/T 2200—2012)、《瓶栽金针菇工厂化生产技术规程》(DB32/T 2201—2012)等,这些都是省级地方技术标准。国家层面上,仅有《杏鲍菇工厂化生产

---

① 中华人民共和国国家质量监督检验检疫总局、中国国家标准化管理委员会:《食用菌安全国家标准 食品中污染物限量》(GB 2762—2012),中国标准出版社,2012。

技术规程》（NY/T 3117—2017）这 1 项工厂化技术标准,无法满足工厂化生产食用菌的产业需求。此外,关于野生食用菌及仿野生栽培食用菌的国家技术标准领域目前仍是空白,因此我国野生食用菌的品质鉴定、采集和保护,以及食用菌的仿野生栽培技术水平的提高等相关工作都会受到影响,再如"有机食用菌""食用菌液体菌种""速冻保鲜技术"等领域的技术标准也急需出台。

## 五、标准技术水平有待提高

目前,我国食用菌技术标准都是依据国家标准《标准化工作导则　第 1 部分:标准的结构和编写规则》（GB/T 1.1—2000）进行制定和修订的。因其适用范围广,未对食用菌技术标准的格式和技术要素专门给予限定,这就造成部分标准的内容简单和其技术水平不高的现象。其中在有关食用菌检测方法的标准方面的问题具体表现为采用的先进技术和方法较少;在有关食用菌产品的标准方面的问题则主要表现为技术参数设置有待调整。标准技术水平不高这个问题在食用菌质量安全相关的技术标准中表现得较为突出,产生的影响也相对严重,现以食用菌中农药残留的检测方法为例进行说明。

目前,对于农药残留及相关化学品的分析正向多残留、快速分析方向发展,要保证高通量快速检测技术的准确性,需要有严格的农药残留确证技术。自 20 世纪 80 年代中后期,国际上针对传统萃取技术在实际应用中的不足,进一步发展了固相萃取（SPE）、超临界流体萃取（SFE）等技术;20 世纪 90 年代后期,研究者又研究出固相微萃取（SPME）、基质固相分散萃取（MSPDE）等萃取技术。这些新的前处理方法和技术可快速、有效完成样品中多种或多类农药的提取、分离和净化,具有自动化程度高、样品前处理时间短等优势。这不仅提高了样品中农药的提取率,也保证了检测数据的准确性。同时这些新技术明显减少了有机溶剂的消耗,从而达到了监测工作环境友好、安全、经济的良好效果。相比之下,我国食用菌技术标准中涉及农药及相关化学品残留的检测方法,仍主要采用震荡提取、变速捣碎法提取和超声波提取等 20 世纪 70 年代发展起来的传统前期处理技术,如修订的《食品安全国家标准　食品中农药最大残留限量》（GB 2763—2014）中对 2,4 - 滴、百菌清、代森锰锌等残留量的推荐检测方法是 GB/T 5009.175、GB/T 5009.105、GB/T 5009.146、SN/T 0711、SN/T 1541、NY/T 761 等技术标准的检测方法,不但存在样品需求量大、提取效果不显著、有机溶剂消耗多、萃取时间长等问题，而且有些标准还采用有毒溶剂提取方法，导致大量溶剂废物的产生。在样品提取过程中，德国 S‐19 的检测方法、日本的检测方法采用的溶剂为丙酮，美国 FDA 采用丙酮或混合溶剂，欧盟采用乙酸乙酯，而我国 GB/T 23202—2008、GB/T 23216—2008 采用的溶剂为乙腈，乙腈与饱和氯化钠分配对高极性农药以及低浓度农药的提取回收率较低。近年来，大量的快速检测技术伴随着食品安全检测技术的发展应运而生，常见的有化学速测法、酶抑制法、免疫分析法等。我国现行的《食用菌中 440 种农药及相关化学品残留量的测定 液相色谱‐串联质谱法》（GB/T 23202—2008）、《食用菌中 503 种农药及相关化学品残留量的测定 气相色谱‐质谱法》（GB/T 23216—2008）等技术标准中采用的 LC‐MS 和 GC‐MS 等农药残留分析技术存在检测成本高、时间长的问题，这就给食品安全监管部门对产品的产前、产中、产后的监督工作带来了许多不便，而我国目前在快速检测技术标准方面还是空白。

此外，发达国家在农药残留检测方面均朝着多残留检测方向发展，例如美国 FDA 多残留检测方法可以同时检测 360 种以上农药，德国的 DFG 方法和 S‐19 方法可以分别同时检测 325 种农药和 220 种农药，加拿大多残留检测方法可以检测 251 种农药，荷兰卫生部的多残留检测方法可以检测 200 种农药。[①] 而我国在此方面则与发达国家还有一定差距，我国现行农药残留检测方法标准还存在单残留检测方法多、多残留检测方法少、检测覆盖面窄等问题。已制定的 38 项关于农药残留检测方法的国家标准中，单类农药多残留检测方法有 9 个，两类农药多残留检测方法有 2 个，三类农药多残留检测方法有 1 个，单残留检测方法有 26 个，涵盖农药种类只有 55 种。[②] 因此我国触及农药及其化学品残留的食用菌技术标准还不够完善，这不仅限制农药残留分析速度和效率的提高，也制约我国食用菌产品质量安全监管工作效率的提高和我国食用菌产品质量安全监管工作范围的有效扩展。

---

① 荣维广、郭华、杨红:《我国中药材农药残留污染研究现状》,《农药》2006 年第 5 期。
② 中华人民共和国国家质量监督检验检疫总局、中国国家标准化管理委员会:《食用菌中 440 种农药及相关化学品残留量的测定 液相色谱‐串联质谱法》(GB/T 23202—2008),中国标准出版社,2008。
中华人民共和国国家质量监督检验检疫总局、中国国家标准化管理委员会:《食用菌中 503 种农药及相关化学品残留量的测定 气相色谱‐质谱法》(GB/T 23216—2008),中国标准出版社,2008。

## 六、食用菌技术标准的操作性不强

食用菌技术标准的操作性不强主要表现在部分标准选择的技术参数不尽合理上,而这种不合理又进一步导致技术标准缺乏可操作性。我国的食用菌技术标准对食用菌的品质和卫生指标提出了相应的要求,此外,对木耳、蘑菇等食用菌的外观也提出了必要的要求。这种看似要求全面的技术标准,在实际运用和判定过程中却有较大的操作难度。首先,理化和卫生指标的检测需要速测仪器设备,这就给现场收购的食用菌产品的检测带来了很大的困难;其次,增加理化和卫生指标,势必会造成产品评价时间的延长,给食用菌产品保鲜带来了困难;最后,理化指标难以被科学设定,因为食用菌产品的理化性状会因栽培品种的不同而不同,即使同一栽培品种,也会受到产地、当地气候条件、人员管理水平、采收期、贮藏方式和时间的影响,这无疑增加了技术标准制定的难度。而联合国欧洲经济委员会(UNECE)、经济合作与发展组织(OECD),以及欧美等发达国家或区域,对于农产品的安全卫生要求,均以技术法规的形式予以详细规定,国家通过执行残留监控计划等方式加以控制,这种具有法律效力的控制方式更为有效。在制定涉及食用菌类产品的标准时,主要致力于产品的分等分级,即以可操作性强的感官指标作为分等分级的主要依据。这种做法使得标准既具有市场针对性、贸易适应性,也具有很强的可操作性。这种做法并不意味着欧美国家对食用菌产品的理化和卫生指标不予控制或限定,而是主要通过采取具体问题具体分析的灵活方式,依靠契约予以规定。

另外,在技术标准的表现形式上,我国食用菌技术标准目前还多以文字描述为主,对食用菌产品中经常使用的感官要求或判定,采取量化或附以图片的形式来具体表现的较少,这就导致食用菌技术标准在执行过程当中存在随意性大、评判困难等突出问题。

# 第二节　我国食用菌技术标准的制约因素分析

我们从我国食用菌技术标准的表象能够看到诸如形式、内容、技术、种类、标龄、采标率等方面的不足和欠缺。笔者通过分析,归纳总结出标准化建设以下几个方面的制约因素。

## 一、管理模式因素

我国的食用菌技术标准及其体系是建立在《中华人民共和国标准化法》(以下简称为《标准化法》)的基础上,并由国务院令第53号《中华人民共和国标准化法实施条例》及有关部门规章所构成的。从1989年4月开始实施的《标准化法》经历了我国社会主义市场经济体制背景下的经济结构模式的变化、我国加入WTO后对外贸易环境发生的重大结构性变化以及近几年经济发展新常态下的供给侧结构性变化。2017年11月4日,第十二届全国人民代表大会常务委员会第三十次会议修订了《中华人民共和国标准化法》,新修订的《标准化法》自2018年1月1日起施行。新修订的《标准化法》在一定程度上解决了我国目前的现实要求和发展形势不适应的问题。

标准制定方面管理模式的优化对我国发展迅猛的食用菌产业的发展作用显得尤为明显。随着我国食用菌产业的日益发展壮大,生产链、原料供应链、储运链等衔接日趋紧密,食用菌标准内容重复、交叉等现象,造成针对一种食用菌产品有多个规则,直接影响标准作为国家技术性规则的统一性和权威性。标准制定管理模式的优化能够促进食用菌产业发展所急需标准的制定,准确把握食用菌产业发展的时机,保持食用菌产业发展的良好秩序,促进食用菌产业新技术的应用转化。如果只重视生产要素的产品型技术标准,忽视具有市场属性的贸易型技术标准,就不能反映出市场经济对技术标准的内在要求,也不利于发挥标准对契约维护、科技转化、法律支撑、贸易保护和市场准入的作用。

## 二、人才队伍因素

我国目前缺乏从事食用菌标准化工作的专业人才也是我国食用菌标准技术水平偏低的主要原因之一。食用菌技术标准化专业人才缺乏的主要表现以及产生的原因主要包括:

第一,兼职人员是制定食用菌技术标准的主要人员,其中具有专门从事标准化工作资质的就更少。由于缺乏系统的标准化知识培训(目前,有的培训还仅仅局限在标准的编写格式方面),所以在制定食用菌技术标准时,在标准属性的确立、技术内容的选择、标准制定程序和编写规范等方面,都不同程度地存在缺乏产品针对性和贸易针对性的通病。

第二,我国对标准化人才的培养相对滞后,熟悉食用菌专业知识、通晓食用菌国际贸易的高级标准化人才十分匮乏。各类院校针对标准化领域人员的教育起步晚,对农产品以及食品领域标准化人才的培养和教育的重视度不够。因为标准化本身在我国的教育大纲中不是一门学科,加之我国高等教育规划中没有设置系统的标准化课程,所以在高等院校的教学计划中,关于标准化的课程都是零散的,不成体系的,甚至是缺失的。因此标准化领域人才培养的先天不足极大地限制了我国在标准化领域的系统工作,同时也阻碍了我国标准化领域与国际标准化领域的合作与交流,进而影响了我国标准与国际标准的接轨进程。

第三,我国现行的多部门管理的标准化管理体制给食用菌标准化人才发展带来了不协调性。简单地说就是"懂标准化的不一定懂食用菌,懂食用菌的不一定懂标准化",从业人员缺乏食用菌行业的具体专业技术知识,这样,组织制定的食用菌技术标准以及标准计划等,并不是本行业、本产业发展所特别急需的标准。

第四,能够参与国际组织标准化活动、了解标准化原理、熟悉食用菌专业知识、通晓食用菌国际贸易的高级标准化人才十分匮乏。目前,在有关国际标准化会议上,我国能够代表国家对国际标准中的技术内容提出修改意见,能在会上与各国代表充分交流的人员更是稀少。标准化领域人才队伍发展的障碍极大地限制了我国在标准化领域的国际合作与交流,影响了我国标准与国际标准的接轨进程,同时也影响和制约着我国标准化工作与标准体系建设水平的提高。

## 三、研发能力因素

总体而言,我国在涉农领域的科研创新能力有限,科技成果转化为相应技术标准的水平不高,这是导致我国食用菌技术标准及其体系技术水平有待提高的主要原因。而造成这种研发能力障碍的原因主要有以下3个方面。

第一,多部门管理的农业科技管理体制导致涉农科技创新水平不高。在涉农科技项目管理方面,我国目前共有10多个部门分别管理着20多个国家级涉农科技计划,其中由农业部管理的科技计划数量少而且资金规模相对较小,这使得相关产业部门很难从产业发展的角度发挥对农业科技创新的宏观导向和调控作用;同时,涉农科技管理政出多门,部门之间缺乏沟通,导致了研究经费分散、部门科研立项重复等问题,造成科技成果转化水平不高。

第二,当前市场急需的质量效益型科技成果储备不足。很长一段时间内,我国食用菌产业的科技创新一直以产量为主攻方向,这就导致了在我国食用菌产业进入发展新阶段时,市场急需的提高食用菌产品质量安全水平及其效益的科技创新成果稀缺。如食用菌的抗病品种和高效、低残毒、低成本的杀菌剂、抑菌剂的开发能力不足,食用菌产品药物残留、化学品残留、添加剂等有害物质的确证性检测、快速检测等方面技术均有待研究。

第三,食用菌产业科技创新与食用菌技术标准的制定工作衔接不到位。一方面,由于我国的科技项目和标准计划分属不同部门管理,部门之间缺乏有效沟通,工作衔接不到位,因此现有食用菌技术标准的制定缺乏创新科技成果的支撑。另一方面,涉及食用菌的科技创新工作从立项到项目验收、项目成果鉴定,几乎很少强调最终研究成果中的标准化及推广应用问题,致使很多科技项目本可以形成技术标准,但由于没有相应要求,没有人员对其进行技术的标准化等方面的深入研究。此外,科技成果研发者缺乏参与标准化活动的动力,也造成了部分科技成果在产业化应用方面的熟化程度不够,难以被快速转化成为技术标准。

# 第四章 国外标准化现状和对我国食用菌技术标准及其体系建设的启示

## 第一节 国际标准化组织概况

### 一、国际标准化组织

国际标准化组织（ISO）是世界上最大、最权威的非政府性标准化专门机构,ISO 制定的标准内容广泛,从基础的零部件、多种原材料到半成品和成品,涉及的技术领域包括信息技术、交通运输、农业、保健和环境保护等等。国际标准的制定通常由 ISO 的技术委员会(TC)负责一类产品或分技术委员会(SC)负责具体产品来完成。ISO 的技术文件包括:工作草案、建议草案(DP)、国际标准草案(DIS)、技术报告草案(DTR)、技术报告(TR)等。ISO 制定的国际标准须经75% 以上的成员团体投票通过,由理事会批准并正式出版。目前,ISO 已经发布了 17 000 多个国际标准。1947 年,ISO 成立时只有 25 个成员团体,经过 60 多年的发展,截止到 2011 年 6 月,ISO 共有 162 个团体(国家标准化机构),其中成员团体(正式成员)110 个,通信成员团体 42 个,预定加入的成员团体 10 个,技术组织 2 867 个,其中技术委员会(TC)262 个。① ISO/TC 34(食品)是专门负责农产品食品工作的技术委员会,其下设 14 个 SC,见表 4 - 1。

---

① 孙丹峰、季幼章:《国际标准化组织(ISO)简介》,《电源世界》2013 年第 11 期。

表 4 – 1　ISO/TC 34（食品）下设 SC 汇总表

| 序号 | ISO/TC 34 编号 | 负责农产品食品名称及种类 |
|---|---|---|
| 1 | TC 34/SC 2 | 油料种子和果实 |
| 2 | TC 34/SC 3 | 水果和蔬菜制品 |
| 3 | TC 34/SC 4 | 谷物和豆类 |
| 4 | TC 34/SC 5 | 乳和乳制品 |
| 5 | TC 34/SC 6 | 肉和肉制品 |
| 6 | TC 34/SC 7 | 香料和调味品 |
| 7 | TC 34/SC 8 | 茶叶 |
| 8 | TC 34/SC 9 | 微生物 |
| 9 | TC 34/SC 10 | 动物饲料 |
| 10 | TC 34/SC 11 | 动物和植物油脂 |
| 11 | TC 34/SC 12 | 感官分析 |
| 12 | TC 34/SC 13 | 脱水、干制水果和蔬菜 |
| 13 | TC 34/SC 14 | 新鲜水果和蔬菜 |
| 14 | TC 34/SC 15 | 咖啡 |

　　TC 34 系列标准的制定过程以自主自愿、市场导向、协商一致为原则，可分为 6 个阶段，包括提案阶段、准备阶段、委员会阶段、征求意见阶段、批准阶段、出版阶段。具体制定程序如图 4 – 1 所示。国际标准首先反映一种行业需求，这种需求可由行业主管部门反映给 ISO 中代表本国的正式成员。目前，ISO 参与 WTO/TBT 委员会、SPS 委员会、贸易和环境委员会 3 个委员会的活动，WTO 的 TBT 协定（技术性贸易壁垒协议）、SPS 协定明确要求各成员国在制定本国法规时应以 ISO 制定的国际标准为基础，其中 TBT 协定中特别说明：ISO 成员须使用国际标准或其相应部分作为制定本国技术法规的基础，除非这些国际标准或其相应部分对实现其正当目标无效或不适用。该协定承认 ISO 制定的标准，使得 ISO 制定的标准在国际贸易中的地位日益突出。

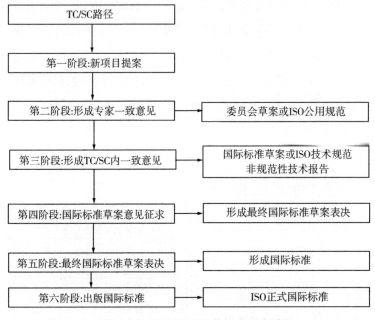

**图 4-1 ISO/TC/SC 的标准制定过程**

## 二、国际食品法典委员会

国际食品法典委员会(CAC)是一个由联合国粮农组织(FAO)和世界卫生组织(WHO)共同设立的政府间国际组织,负责协调各国政府间的食品标准。在 50 多年的发展历程里,国际食品法典委员会共制定了 300 多项标准、准则和操作规范,这些标准、准则和操作规范涉及食品添加剂、食品标签、污染物、营养与特殊膳食、食品卫生、农药残留、检验方法、兽药残留等各个领域。现拥有 180 多个成员国。CAC 的标准是非强制性的,但 WTO 成立之后,SPS 协议(实施动植物卫生检疫措施的协议)和 TBT 协议(技术性贸易壁垒协议)已赋予其新的含义。CAC 的标准已逐渐成为促进国际贸易和解决贸易争端的依据,同时也成为 WTO 成员国保护自身贸易利益的合法武器。在食品领域,只要一个国家采用了 CAC 的标准,就被认为与 SPS 协议和 TBT 协议的要求一致。如果一个国家的标准低于 CAC 的标准,在理论上,则意味着该国将被称为低于国际标准的食品的倾销市场。CAC 通过各分支机构来开展委员会的各种技术工作,CAC 的标准制定过程如图 4-2 所示。

截止到 2012 年,CAC 标准包括 327 个通用标准和食品品种标准,41 个食品加工卫生规范,1 005 个评价食品质量的食品添加剂的标准,25 个有关食品污染物的准则,2 374 个关于食品中农药残留限量的标准,185 个评价食品质量的农药标准,54 个评价食品质量的兽药标准。[①] 当前,CAC 已将标准的制定重点放在通用标准上,即将标准的制定重点放在食品添加剂、污染物、农药和兽药的残留及食品卫生等问题上,而且 CAC 的工作较以往更多地强调科学性,风险分析也将发挥越来越重要的作用。与此同时,质量保证标准体系(如 HACCP 标准体系)也将成为 CAC 的一个重点工作。

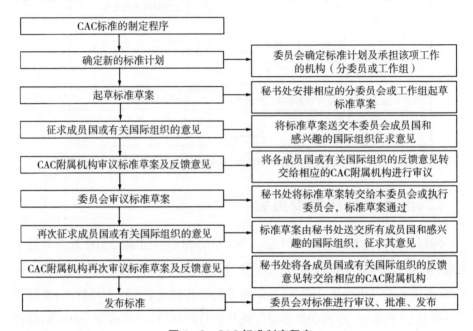

**图 4 - 2   CAC 标准制定程序**

## 三、国际植物保护公约

国际植物保护公约(IPPC)是由联合国粮农组织倡导的多边保护公约,目前,已经有超过 120 个国家的政府签约加入 IPPC。IPPC 的宗旨是加强植物保护领域的国际合作,防止植物及植物产品中的有害生物在国际范围内扩散。IPPC 标准被 WTO 协定或 SPS 协议所认可,因此其制定的与植物相关的检疫措施的国际标准也同样影响着国际贸易,成为农产品国际标准的重要组成部分。

---

① 宋雯:《国际食品法典委员会(CAC)简史》,《中国标准导报》2013 年第 11 期。

目前,IPPC 下属的临时标准委员会负责组织制定 IPPC 标准。

IPPC 从 1995 年制定标准至今,已出台 17 项有关国际植物检疫措施的国际标准,正在制定或拟议中的标准有 13 项。IPPC 标准由三个部分组成:参考标准,如植物检疫术语词汇表;概念标准,如病虫害风险分析指南;专门标准,如柑橘溃疡病检验鉴定标准。IPPC 标准立项论证充分且科学,能保证标准既反映市场的需求,又科学实用,也不会对各地造成贸易壁垒。

# 第二节　发达国家或区域的标准体系概况

## 一、美国技术标准体系概况

美国的标准体系是由典型的自愿性标准和政府技术法规组成的多元化标准体系,其自愿性标准体系由国家标准、协会标准(包括联盟标准等)和企业标准 3 个层次构成,如图 4 - 3 所示。其中国家标准是由政府委托美国国家标准学会(英文简称 ANSI,民间标准化团体)组织协调,由其认定的标准制定组织(协会组织)和委员会制定的标准。协会标准是由协会或学会组织(如美国谷物化学师协会、美国苗圃主协会、美国饲料工业协会等),所有感兴趣的生产者、消费者、用户,以及政府和学术届的代表,通过协商程序而制定的技术标准。美国的协会具有很强的权威性,其标准不但在国内享有良好声誉,在国际上也被广泛采用。企业标准是由企业(农场或公司)按照市场的需要和用户的要求而制定的本企业的操作规范。美国的标准形式可分为标准和临时标准。其中标准是经过协商一致,通过批准的公正程序和规则制定出来的文件;临时标准则是满足紧急情况或特殊情况需要,没有经过充分协商,但是已经经过分委员会同意,在有限时间内出版的文件。

美国的技术法规与标准之间的关系是非常密切的。ANSI 协助政府部门或机构制定相应的技术法规,而政府部门或机构也会派官员来参加有关国家标准的制定。为了尽可能避免标准相互重复,政府以立法形式规定,可以采用已有的国家标准,要尽可能少地制定政府标准。美国的标准化机构共有 4 类:国家标准和技术研究机构(为国家标准研究院,英文简称 NIST);国家自愿性标准体系管理和协调机构(英文简称 ANSI);美国政府标准制定机构(为与标准相关的政府部门或机构);由 ANSI 认定的 267 个标准制定组织。美国的标准主要包括产品标准、农业投入品及其合理使用标准、生产技术规程、安全卫生标准、农业生态环境标准,以及农产品包装、农产品储运、农产品标签标识等方面的标准等。目前,美国农业、林业、畜牧业、渔业,以及农产品加工、营销等各个方面都有大量有关产品与服务的标准。美国《联邦法规法典》中的农业篇包含 352 个农产品标准(含等级标准),其中仅涉及新鲜水果、蔬菜等产品的等级标准就多达 160 个,涉及经过加工的水果、蔬菜和其他产品(冷藏、灌装等)的等级标准也多达 143 个。在农药残留限量方面,美国已制定了 332 种农药共计 9 635 项 MRL 值。[①]

美国的标准化机构具有 3 个方面特点:第一,政府机构制定和管理技术法规,参与标准化研究;第二,国家政府审批与管理,由政府委托民间机构承担;第三,国家标准的制定机构与管理机构分开,管理统一,制定分散。

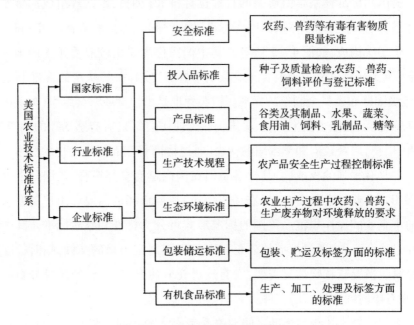

图 4 - 3  美国农业技术标准体系

--------

① 杨桂玲、徐学万、袁玉伟、张志恒、于国光、王强:《美国食品法典工作机制及启示》,《农产品质量与安全》2010 年第 2 期。

## 二、欧盟技术标准体系概况

欧盟的标准体系主要是由上层的欧盟指令和下层的包含具体技术内容的自愿性技术标准所构成的。凡涉及产品安全、人体健康、工业安全、消费者权益保护的标准,通常以指令的形式发布。欧盟指令是由欧盟委员会提出,由欧盟理事会与欧盟议会协商后批准发布的,一种用于协调各成员国国内法的法律形式的文件。其主要目的是使各成员国之间的技术法规趋于一致。欧盟指令是完全协调指令,各成员国必须用欧盟指令取代国家内所有可能产生冲突的法律条款。欧盟指令中只规定产品投放市场前所应达到的卫生和安全的基本要求,而具体技术细节则由技术标准来规定。欧盟的农业标准体系如图4-4所示。

其相关技术标准由欧洲标准化组织及各成员国政府制定。其中由欧盟委员会委托欧盟标准化机构,以"协调标准"的形式制定的标准叫欧盟标准。欧盟在制定标准时,首先,立足于本地区的实际情况,保证本地区和成员国的根本利益;其次,充分考虑与有关国际标准化组织的合作,积极采用国际标准。目前,欧盟更致力于将欧洲标准或欧盟成员国标准转化为国际标准。在食品和农产品方面,欧盟现有约330个(其中约1/3为技术法规)指令(EEC/EC),约220个欧洲标准(EN)。这些指令和标准并不针对具体产品,而是对产品的检测要求,但其规格严格,产品要进入欧洲市场,必须符合这些标准和指令的规定。此外,欧盟还拥有10多万个其他技术标准,其中涉及农产品的占1/4。在对农产品农药残留的控制方面,欧盟共设置17 000多个农药残留限量值。

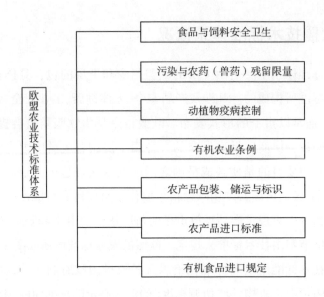

图 4 - 4　欧盟农业技术标准体系

## 三、日本技术标准体系概况

日本以国家标准为中心建立标准体系。日本的标准体系是由国家标准、行业标准和企业标准组成的。国家标准即 JAS 标准,以农业产品、林业产品、畜牧业产品、水产品及其加工制品和油脂为主要标准化对象。行业标准,主要由行业团体、专业协会和社团组织制定。制定行业标准的主要原则包括:第一,行业标准作为国家标准的补充,其规定更加具体化;第二,行业标准为制定国家标准做技术准备,待实施和验证后上升为国家标准,同时行业标准即行终止;第三,行业标准对象为尚处于发展中的新产品、新技术。企业标准即由各株式会社制定的操作规程或技术标准。

日本农业标准的制定有三个阶段。第一阶段是起草标准阶段。虽然任何有关方面都可要求日本农业标准委员会(JASC)对其提出的日本农业标准草案进行审议,但通常做法是,农林水产大臣根据需要,委托有关单位起草农业标准草案。第二阶段是 JASC 审议阶段。当草案被交付给 JASC 后,JASC 指定对口的分理事会对该草案进行严格审议。当 JASC 审议完毕,而且确认标准草案内容适宜、要求合理时,才可向农林水产大臣提出审议报告。第三阶段是标准的批准和发布阶段。农林水产大臣确认 JASC 审议的标准草案对有关各方均不造成歧视后,方可批准其作为日本农业标准予以发布。

日本在农业标准的制定和修改方面都有其自身的特点:第一,政府在标准化活动中扮演着重要的角色;第二,充分发挥了专业团体的作用;第三,标准的制定过程透明度高,并且充分体现协商的精神。该机制在充分发挥政府引导作用的同时也体现"专家制定"的原则,能够确保发布的标准符合行业发展要求,成功克服了政府主导型体制下可能存在的一些问题。

# 第三节　发达国家或区域的标准体系建设给我国带来的启示

## 一、产品标准体系覆盖面宽

国外的食用菌质量标准覆盖面宽、数量多,几乎涵盖了生产资料、生产环境、生产规程、产品、产后标识,以及包装、加工、流通和贸易的各个环节,涉及整个产业链,既有单项标准,也有综合标准。

产前标准方面。一是产品生产环境标准,发达的欧美国家或区域建立涉及食用菌产品方面的农业环境指标体系比较早,主要涉及环境管理、土壤质量、水质、气体排放、生物多样性和生产强度等多项指标;二是涉及食用菌生产过程中投入品的标准,例如,加强对农产品生产过程中投入品的质量、包装、标签、运输和使用的全面规定。

产中标准方面。由于产品是农业生产的最终成果,它的质量安全直接影响消费者的健康,同时也能反映出生产中的问题,因此产品标准一直被作为各国最常见的通用性食用农产品标准。例如,澳大利亚《食品标准法规》规定各种农产品中所含农药、兽药残留量的最大允许限度,目前已对600多种农药和兽药规定其最大残留值。

产后标准方面。一是包装和标识方面的标准。法国规定所有商品的标签、说明书、使用手册等要强制性地用法文标注,还必须在食品包装的外部标明产品名称、生产者、包装者和卖主、原产国、数量和成分等,有添加剂等也必须注明。二是涉及食用菌产品的贸易方面的标准。法国规定，对于法国进口的蔬菜、水果、菇类，其检疫标准、储藏和运输条件都必须符合欧盟的有关标准。而我国食用菌"原产地证明"还无法完全符合这些标准，这使国外对产自中国的食用菌有一定的疑虑。美国、澳大利亚和墨西哥等国曾对我国食用菌罐头进行过反倾销制裁，除少数企业胜诉外，绝大部分企业需要额外缴纳高额的反倾销税。

## 二、标准的目的性强，技术性贸易壁垒倾向明显

标准的目的性强，技术性贸易壁垒倾向明显主要表现在以下几个方面。一是技术标准繁多。如欧盟目前拥有技术标准 10 多万项，其中涉及食用菌的农产品的标准占 1/4，在农药残留限量方面的标准有 17 000 多项。美国仅农药残留限量标准已有 8 100 多项。二是技术标准要求严格。据中国食品土畜进出口商会食用菌分会的报告，自 2006 年 5 月 29 日本实施"肯定列表"制度以来至 2007 年 9 月，我国输日食用菌产品在日本已涉及 60 例违规超标案例，其中超标农药包括甲胺磷、甲氰菊酯、二氧化硫、毒死蜱、联苯菊酯、乙草胺，还有超标的微生物等。三是针对性强。经过精心设计和研究的标准和政策，可以用来减少某些国家的主要产品的进口量。如我国出口美国的双孢蘑菇罐头因被检出多菌灵残留而严重受阻，我国与之相关的出口企业遭受重创，仅 2012 年 9 月，美国就因多菌灵残留问题退回了 10 批从我国进口的双孢蘑菇罐头，这就是典型的利用多菌灵残留作为技术性贸易壁垒对食用菌国际贸易进行管控的事件。此外，我国蘑菇罐头出口还受制于欧美等国家的配额管制，例如欧盟每年给予我国的配额数量只有 3 万吨，远远低于欧盟市场对我国蘑菇罐头的实际需求数量。

## 三、标准的科学性、实用性及市场适应性强

欧美发达国家或区域强调技术标准要以科学为基础，在坚持国际间的等效性、一致性的基础上，先进行风险分析，然后再制定标准，并按照规范的制定标准的流程有序进行，得到了各利益集团的广泛参与。欧美关于农产品的标准主要针对国内外市场的需求，所以在听取农场主、经销商、科研人员以及消费者的意见后，由政府或非政府组织经过充分研究，本着科学实用的原则制定，力求标准中的各项技术指标具体量化，具有较强的科学性和可操作性。此外，为了保

证其标准的先进性,拓展产品出口市场,还要求所制定的标准尽量与国际标准和国外先进标准接轨,并且标准经过一段时间的试行后,有关人员会对原标准进行一次复审。

## 四、重视采用国际标准,促进标准的国际化

欧美发达国家或区域在标准的制定过程中,十分重视与国际标准接轨,如欧盟制定有关技术标准时,首先要立足本地区的实际情况,保护其他地区和成员的根本利益,其次要尽可能地遵循 WTO/SPS 协议,并借鉴国际食品法典委员会(CAC)、国际植物保护联盟(IPPC)、世界卫生组织(WHO)、世界粮农组织(FAO)等的相关标准和规定。欧盟现有的技术标准中有 40% 来自国际标准,在英国 20 世纪 80 年代所颁布的 634 个有关农产品质量的标准中,有 404 个有关农产品质量的标准采用了国际技术标准,另有 11 个有关农产品质量的标准采用了欧盟技术标准。[①] 欧美发达国家或区域为使本国农产品获得更有利的国际竞争地位和更大的国际市场份额,在国际农产品标准化活动中投入大量的资源和资金,以期在有关农产品的国际标准制定中占据主导地位或竭力使本国标准转化为国际标准。例如欧盟在制定每项新标准前,都要先通知国际组织,尽量与国际组织合作,制定适用于更大范围的国际标准。

## 五、政府大力推动标准化工作

由于技术标准体系在国家的政治、经济、社会生活中具有特殊作用,因此各国政府都非常重视技术标准体系的建设工作,并在技术标准体系的建设与运行过程中扮演着重要角色。如 1962 年成立的国际食品法典委员会一直以来能够有效地运行,成员国超过 160 个,覆盖世界人口的 98%,由其设立的技术标准体系受到世界各国政府重视。欧美的发达国家政府部门不仅制定标准化发展战略和技术标准体系规划,而且还为国家技术标准的制定、国际标准化活动的开展提供人、财、物等各方面的保障,并为民间标准化活动提供必要的技术指导和政策。美国政府部门还积极将本国协会、民间团体所制定的标准推荐为国际标准。

① 王敏:《我国农业标准体系现状、问题及对策》,中国农业大学硕士学位论文,2005。

# 第五章　新时期我国食用菌技术
# 标准建设面临的挑战

## 第一节　标准发展的新趋势

### 一、标准对贸易保护的作用日益增强

在国际贸易中,为了保护本国利益,各国都会不同程度地采取一些限制国外商品或服务进口的政策措施,并构筑贸易壁垒。传统的贸易保护方式主要有实施进口配额、许可证制度、审批制度,征收高额关税等。但随着经济全球化和全球市场一体化的发展,关税壁垒的保护作用日益削弱,数量限制等传统的非关税壁垒也受到世界贸易组织多边贸易体制的严格约束。因此一些具有较强隐蔽性和灵活性的非关税壁垒,特别是技术性贸易壁垒,就受到各国政府的持续关注,逐渐成为当今国际贸易中最为重要、最具主导作用的贸易壁垒。据统计,2008 年至 2010 年,美国食品和药品监督管理局(FDA)扣留中国出口食品2 329次,欧盟食品和饲料类快速预警系统(RASFF)通报中国出口食品2 329次,日本扣留中国出口食品 880 批次,通报产品主要集中在水产制品、花生、蔬菜、水果、肉制品上,主要原因多为微生物超标、重金属超标、药物残留超标、抗生素滥用、添加剂滥用及转基因食品等。① 技术性贸易壁垒已经成为 21 世纪国际贸易壁垒的主体。在技术性贸易措施的实施过程中,由于技术法规一般均直接全部引用标准或部分引用标准,而合格评定程序就是确定事物是否符合标准

---

① 陆平、邓佩、何维达:《技术贸易壁垒对我国食品产业及贸易影响的实证分析》,《中国管理信息化》2015 年第 18 卷第 5 期。

或技术法规,有的合格评定程序本身就是一项标准,所以说,标准是技术性贸易措施的基础和核心。随着技术性贸易壁垒作用的不断加强,标准作为贸易保护的功能必将不断增强。

## 二、标准对科技的推广作用日益增强

标准是对科技成果和实践经验总结和提炼的产物,标准化是将科技成果推广应用的平台。世界范围内的技术标准的竞争变得越来越激烈,技术标准日益成为产业竞争的制高点,逐渐出现了"三流企业卖苦力,二流企业卖产品,一流企业卖专利,超一流企业卖标准"的企业等级划分新理念。因此欧美发达国家或地区都争先恐后地加大力度开展标准化战略研究工作,试图将技术标准的竞争优势牢牢地掌握在本国的手中。欧美发达国家在其标准化战略中都强调科技开发与标准化政策的协调统一性,如:美国要求 NIST 参加 ANSI 的理事会,对 ANSI 举办的国际标准化活动提供经费支持;在日本,科研人员参加标准制定和标准化活动的情况被作为业绩考核的一项重要指标;欧盟各国对以标准化为目的的科研开发项目给予财政资金和政策倾斜。国外的各项政策和举措,使得越来越多的科研人员直接参加标准化活动,这也必将日益促进其科技成果的标准转化。

## 三、科技进步对标准的影响日益增强

随着科技的不断进步和科技开发与标准化工作的密切结合,产品的科技含量不断增加,高新技术产品不断涌现。例如现代农业生物技术、现代农业信息技术、新型农业节能技术等在食用菌栽培和工厂化生产中的开发和使用,促进了食用菌产业向集约化、规范化方向发展。在科技进步一日千里的时代,用于指导生产、规范市场、调节贸易的技术标准,必然会受到科技进步的深刻影响。新品种的研发、新技术的使用推广,都要求技术标准与时俱进,即要通过标准引导产业的结构调整,推广先进科学技术,又要依靠标准规范新技术的使用,将可能带来的风险降至最低。此外,科技的不断进步,先进实验仪器和生产设备的不断涌现,为科研创新活动提供了前所未有的条件,这也将影响技术标准的制定水平,带来技术标准的新一轮革命。

# 第二节　新时期对标准作用的新认识

目前,我国正处于产业结构战略调整和经济转型升级的关键时期。食用菌产业也迎来了由传统农户分散经营向园区发展转型的第三次升级,由以往长期单纯追求产量的数量型发展模式向循环持续、高效优质、品种多元、产品精深且集生产、销售、服务于一体的新型产业化、规范化发展模式转变。我国食用菌产品在国际市场、国内市场均面临着日趋激烈的竞争和日益严重的技术性贸易壁垒的挑战。进入新阶段,面临新形势、新问题,食用菌技术标准及其体系也自然被赋予了新内容和新作用。为此,我们有必要根据我国未来经济建设和食用菌产业发展的方向及主要任务,重新审视和认识食用菌技术标准的作用。

## 一、标准是食用菌产业结构调整的技术导向

我国食用菌产业发展到今天已经进入产业结构战略性调整的关键时期,已由之前的剧变式高速增长转变为稳步增长。尤其是现阶段,我国食用菌产业结构调整的重点不是产品数量的简单增加,而是全面优化产品结构,提高产品质量;不是局部地区的产业比例调整,而是着眼于整个产业结构的调整,实现与整个农业经济的协调发展。进行食用菌产业结构战略性调整的一个重要的目标就是优化产业结构、提高质量和效益,从根本上解决优质食用菌产品、珍稀食用菌产品、精深加工食用菌产品相对不足,初级食用菌产品、低质食用菌产品、同质食用菌产品大量积压滞销等问题,进而解决国内市场无序压价竞争、产品出口创汇能力不强和区位特色优势无法显现等突出问题。而要实现这个目标,最为有效的方法就是充分发挥食用菌标准的技术导向作用,大力推行食用菌生产标准化、规范化。通过制定和实施适应市场需求的产品标准,引导新品种的推广和优质、安全食用菌产品的生产,淘汰落后产品和技术;通过制定和实施生产过程控制技术标准,从菌种、培养基质等源头保证食用菌产品的优质生产,并实现节本增效和环境友好;通过健全物流标准和食用菌产品精深加工标准,促进初级食用菌产品转化、增值,提高菌农的收入和比较效益,推进食用菌产业可持续发展。

## 二、标准是食用菌产业化经营的技术基础

当前,要实现我国食用菌产业在经济发展新常态下健康发展的目标,就必须要以市场为导向,以龙头企业为依托,以广大的行业从业人员为基础,以高效优质为中心,以系列化服务为手段,通过产供销、农工商一体化经营,逐步将食用菌生产过程的产前、产中、产后各个环节有机地联结为一个完整的产业系统,进而引导分散的菌农小生产转变为社会化大生产的组织形式,使多方参与主体自愿结成经济利益共同体,这也是市场经济条件下的基本经营方式和理念。食用菌生产过程环节多,影响因素复杂,而部分菌农生产规模小,经营分散,在这种生产方式下,要把千家万户的农民组织起来,把食用菌产品的生产、加工、储运、销售有机连接起来,实施规模化、专业化、集约化、市场化生产,就必然要求按技术标准实行标准化生产。食用菌标准具有统一、规范、先导、评价、协调等功能,将标准贯穿于食用菌产业化经营的全过程,将有效保证众多分散的生产个体生产符合市场需求的同质产品,促进产品生产、产品加工、产品销售等过程的有机衔接。可见,食用菌技术标准是提高食用菌产业化经营水平的"润滑剂"和"助推器"。用标准化带动产业化,用产业化推动现代化,是我国食用菌产业适应经济发展新常态并实现健康、稳步发展的必然选择。

## 三、标准是食用菌产品质量安全的技术保障

食品质量安全是当今全球共同关注的热点,是提高食用菌产品国际竞争力必须着力解决的关键问题。目前,在我国食用菌生产各个环节中,由于对投入品的使用不合理,产品的收获不科学,产品的运输和储存不合理,市场准入制度不健全,以及监督管理能力不足,因此我国食用菌毒害存在污染情况。要解决这些问题,根本措施在于通过推行标准化工作,用标准指导生产者科学、合理地使用药物、添加剂、化学品等生产投入品,规范食用菌行业的生产行为、加工行为,实现清洁生产、优质生产。

## 四、标准是调节食用菌产品国际贸易的技术手段

国际贸易竞争的实质是技术标准的竞争。在国际贸易规则日渐透明、国内

支持日渐弱化的形势下,技术性壁垒的作用日益突出,已成为世界各国限制产品进口、推动产品出口、控制市场份额、构筑贸易壁垒、进行贸易仲裁的利器。WTO/SPS 协议有关允许各成员国出于保护动物、植物以及人类的安全,可采用必要的 SPS 措施的规定,更是使各国应用技术性贸易壁垒合法化。技术标准是技术性贸易壁垒的核心,欧盟、美国、日本等发达经济体以国民健康和环境保护为由,逐步提高进口食品的安全质量标准,不断设置技术贸易壁垒,一方面达到了确保本国食品安全的目的,另一方面起到了保护本国食品产业的作用,这些政策措施对我国相关食品产业和贸易都造成了不利影响。因此要想避免在国际贸易中处于被动地位,我们就必须充分、认真地研究国外标准规则,并不断建设和完善我国的标准体系。

# 第三节　食用菌技术标准及其体系建设面临的挑战

新时期、新形势赋予了标准新内涵和更多功能,也对我国现行食用菌标准体系建设提出了挑战,要求尽快建立既具有中国特色又符合国际规则的统一、权威和高水平的食用菌技术标准体系,以满足我国食用菌产业向国际化、市场化和现代化发展的迫切需要。

## 一、食用菌出口竞争力的提升需要标准保障

我国是世界最大的食用菌生产国,然而我国食用菌的出口量只占其产量的很少一部分,不及其总量的 10%,如何扩大中国食用菌出口贸易规模,是中国食用菌产业当前面临的一大难题。同时,近年来,我国食用菌出口遭遇了世界多国,特别是日本、美国等发达国家的技术性贸易壁垒,检测项目繁多,合格评定程序复杂多变,在一定程度上制约了我国食用菌出口业务的发展。这就对我国食用菌技术标准及其体系建设提出了新的挑战,就是我国食用菌技术标准及其体系建设要走国际标准化道路。因此我们应当积极采用国际标准,这对于我国占据出口优势的食用菌产品的质量安全尤为重要。尽管在与国际标准接轨之初,技术要求的提高可能对我国食用菌产品产生一些负面影响,但从长远来看,采用国际标准将有助于我国食用菌产业采用先进的生产技术和设备,从而提升

生产管理水平,降低食用菌生产成本,提高食用菌产品的质量和市场竞争力。同时,我们要积极参与国际标准的制定工作,增强我国对国际标准的制定和修订的影响力。

## 二、市场化要求具有与市场相适应的食用菌技术标准

食用菌技术标准是食用菌产品生产的指南、契约、合同的重要组成部分,市场准入和市场退出的评价规则,优质优价的技术依据,市场法制体系的技术支撑,在食用菌行业市场化的发展进程中,发挥着举足轻重的作用。没有标准的支撑,食用菌产品的生产和流通将会盲目、无序,食用菌产业的规模化、专业化、标准化生产将缺乏基础,食用菌产品的质量安全将难以保证。但是有了标准,并不意味着就一定能够生产出可供交换的商品,因为标准的作用往往会受到经济体制的制约。在不同的经济体制下,标准发挥作用的范围不同,作用方式也不相同。因此我们要在新时期建立指导产品生产和满足国家统购统销对产品评价所需的食用菌标准,同时,还应强调其市场适应性,建立一个以市场为导向、符合市场经济发展趋势和规律的食用菌技术标准体系。

## 三、食用菌技术标准应与科技共同进步

随着科学技术的不断进步,诸如发酵工程、细胞工程、酶工程、基因工程、物理诱变、物理防治等技术在食用菌育种领域的应用,数字化生产测控系统、数字化管理决策系统等现代农业信息技术在食用菌生产管理中的应用,以及能源替代、节能建材、节能设备在食用菌工厂化中的运用,都加速了我国食用菌产业由传统家庭生产向现代规模化生产的转变。这些高新技术在食用菌生产中的广泛应用,使食用菌生产中的科技含量不断提高。同时,科研仪器设备的快速发展,特别是检测仪器设备的快速发展,不断提高了食用菌产品成分分析(特别是药物、生物毒素、化学品等有害物质)的定性能力、定量能力,也加快了技术标准的更新速度,为技术性贸易壁垒的设置提供了条件。而技术标准作为科技成果转化的桥梁和纽带的作用也日渐突出。科技是第一生产力,这是以科技成果被生产实践所采用为前提的。没有科技成果的转化,科技创新就失去了应有的意义。我国食用菌产业要顺利实现产业结构调整,离不开科技进步,更离不开紧跟科技进步步伐的食用菌标准体系的技术导向。为此,我国食用菌标准体系建

设必须与时俱进,要及时转化科技创新成果,反映相关领域的科技发展,提高标准本身的科技含量,增加标准自身的竞争力,使之真正成为科研成果向现实生产力转化的桥梁。

# 第六章　新常态下我国食用菌技术标准体系建设的重点方向

## 第一节　总体思路

我国"十三五"时期是食用菌产业全面发展的重要历史机遇期。新常态下"一带一路"倡议的实施，为我国的经济发展注入新的活力，为食用菌产业提供了难得的发展机遇。我国食用菌产业在世界食用菌版块上占有举足轻重的地位，食用菌企业可以利用国外多种资源来发展和壮大自身。但国内目前各种食用菌产品的出口形势不容乐观，欧美等地区的发达国家利用技术、标准、政策等手段对我国出口的食用菌产品设置了极其严格的技术壁垒，使得我国以出口食用菌产品为主的企业不得不面临产品难于输出和被退货的风险。而南亚、中亚及东南亚等地区的新兴食用菌市场，由于当地行业法规、管理制度、信用评价、风险控制等方面还处于不断完善中，企业"走出去"，到这些地区投资兴业，也存在一定的隐患和风险。因此企业在新常态下应按照国家对食用菌产业发展规划的总体要求，依据国家的相关法律和法规，以市场为导向，不断提高食用菌规范生产技术，不断提升产品质量和服务水平，增加产品附加值，提升企业的整体素质和核心竞争力，保障消费安全，使产业健康、有序地发展。重点以提高食用菌质量安全水平和市场竞争力为突破口，吸收和转化国际标准内容，以政府为主导力量，以食用菌龙头企业为重点带动力量，贯穿食用菌生产的产前、产中、产后全过程，逐步建立并健全一套既适合当前食用菌产业发展实际又符合国际贸易惯例的新型食用菌技术标准体系，为新常态下食用菌产业的可持续发展提供有力的技术支撑和质量保障。

# 第二节　建设的重点方向

## 一、明确技术标准层级关系,清理并整合现有技术标准

长期以来,我国食用菌技术标准层级被划分为四级,即国家标准、行业标准、地方标准和企业标准,这种划分方法固然在一定程度上调动了国家部门和地方政府推进完善食用菌标准化工作的积极性,但这种划分也导致了标准层级不清,标准名目重复、交叉等问题。在我国,一方面,从政府层面制定的国家标准、行业标准、地方标准相互重叠、交叉,另一方面,还存在着生产一线单位(如行业协会、专业合作组织等组织)的民间自律性标准缺位的问题,而这部分标准恰恰是食用菌产业走向市场化、标准化进程中最为急需的标准。

新修订的《标准化法》规定,我国鼓励社会团体协调相关市场主体共同制定满足市场和创新需要的团体标准,由本团体成员约定采用或者按照本团体的规定供社会自愿采用。同时,企业可以根据需要自行制定企业标准,或者与其他企业联合制定企业标准。我国支持在重要行业、战略性新兴产业、关键共性技术领域利用自主创新技术制定团体标准、企业标准。修改食用菌技术标准的层级结构,支持食用菌企业和食用菌协会等组织制定团体标准,有利于提升食用菌产品的竞争力,促进食用菌产业的不断发展。下一步建设的重点在于明确国家标准、行业标准、地方标准、企业标准和团体标准的层级关系与效力等级,特别是有关食用菌的国家标准和行业标准这些全国性标准,建议将农业部等国务院行业行政主管部门组织制定的食用菌标准纳入食用菌国家标准的范畴,并清理和整合我国目前的有关食用菌的国家标准与行业标准之间及食用菌不同行业标准之间的交叉、重复等不协调的标准内容,避免同一个标准化对象存在两个或两个以上有效的全国性标准,增加有关食用菌的国家标准的科学性和权威性,构建清晰、适宜、和谐的技术标准体系。

此外,应当避免各地利用技术标准对食用菌产品、培养基原料、菌需物资、生产投入品的流通设置不合理的障碍。国家在允许符合要求的食用菌行业协会、食用菌产业技术创新战略联盟、食用菌行业企业联盟、食用菌工厂等社会团

体和企业制定食用菌团体标准、企业标准的同时,还要积极构建食用菌团体标准、企业标准的准入机制和认可程序,进而作为组织和规范食用菌的生产、加工、销售等行为的技术依据。

## 二、进一步完善食用菌国家技术标准的建议

在调整优化我国食用菌标准体系层级结构的同时,应强化食用菌国家技术标准的科学性和权威性。特别是强制性食用菌国家标准,它是食用菌生产各环节遵循的底线。推荐性国家标准是对满足基础通用、与强制性国家标准配套、对各有关行业起引领作用等需要的技术加以要求的标准。在标准的效力上,规定了凡是涉及人身健康、生命财产安全、国家安全、生态环境安全及经济社会管理的一些基本需要的技术要求,要制定强制性的国家标准,强制性标准必须执行。禁止利用标准实施妨碍商品、服务的自由流通等排除和限制市场竞争的行为。针对我国现有食用菌国家技术标准的实际情况进行分析,对食用菌国家技术标准(不含技术法规)的制定,建议侧重从以下几个方面进行完善:第一,加强对食用菌术语、食用菌分类等基础性标准的制定和修订工作;第二,依据贸易保护和市场竞争的需要选定标准体系中的重要食用菌产品,并为该产品单独制定分等标准、分级标准,以便给食用菌产品的质量分级,实行优质优价和产品质量认证,促进食用菌产品出口创汇;第三,针对食用菌产品中的有毒、有害物质限量和食用菌产品的包装标识要求等制定市场准入性标准,提高食用菌产品的竞争力;第四,重点加强对抽样方法、检测方法等涉及公平贸易标准的制定工作;第五,加强对食用菌及其制品中投入品、添加剂的使用量限定以及生产过程控制(如 GAP、GMP、HACCP)等准则类标准的制定和修订。此外,还要特别注重对食用菌产品中的有毒、有害物质限量标准相配套的检验方法标准的制定,并且对于在现行食用菌行业标准中存在的大量食用菌生产技术规程标准,应将其调整为协会标准或企业标准,由协会或企业根据有关生产过程控制准则的国家标准进行细化而形成自己的标准,用于指导和规范生产行为。

## 三、强调食用菌产品标准的贸易属性

规范性是标准的基本属性,在标准的发展过程中,标准通过规范生产,促进产业发展。标准的规范性作用在推动贸易繁荣,特别是在推动国际贸易的繁荣

中做出了巨大的贡献。贸易的繁荣反过来也促进了标准的持续发展,丰富了标准的内涵,并最终催生了标准的经济属性和贸易属性。以食用菌生产方面为例,食用菌产品标准是食用菌技术标准体系的重要组成部分,是食用菌的生产、交验、市场准入、贸易洽谈及纠纷仲裁等方面的技术依据。在新形势下,食用菌标准体系建设的重要内容及目标之一,就是要使食用菌产品标准逐步由生产型向适应产业市场化、规范化、国际化的贸易型转变,尽快构建贸易型标准,逐步提高贸易型标准在食用菌标准体系中的比例,为我国食用菌出口贸易的顺利开展保驾护航。贸易型标准需要具有覆盖面广、重点突出、简要可行、更新速度快、注重产品的外观和包装等突出特点。在建立自愿性产品标准时,对相关产品的具体要求,可以由贸易双方以合同方式进行约定,或由国家的法律、技术法规等给予规定,而无须强制实行产品标准。

因此我国在制定食用菌技术标准过程中应强调食用菌产品标准中的贸易属性,建议在以下几个方面进行完善与创新。一是产品标准技术设定要合理。要充分考虑贸易中检验的便捷要求,特别对鲜菇,除了以感官指标作为分等、分级的依据外,还应增加快速检验、检测等方面的方法内容,以增强标准的可操作性。二是产品标准中不宜规定具体检验方法。因为同一参数经常有多种检测方法,进而涉及不同的仪器设备,检测精度和检测费用也因方法的不同而存在差异,有时差异巨大。采用何种检验方法,应由贸易双方以合同方式自行约定并执行。三是标准中应删除有关检验规则的内容。关于产品检验的严格程度,应该由贸易双方根据需要、承受能力等因素综合考虑后商定执行,并在合同中给予明确说明。四是标准应以食用菌企业标准和食用菌协会标准为主。由于此类标准与市场结合紧密,更新速度快,同时还由于产品标准直接关系到产品的市场竞争力问题,不同企业对其产品的市场定位不同,技术指标要求也自然不同。

## 四、重点完善食用菌安全标准体系

从"关税壁垒"到"技术壁垒"以及"绿色壁垒",我国食用菌出口屡次遭到通报,造成食用菌产品出口受阻,国家和企业都遭到巨大的经济损失。目前,我国有关食用菌的标准与发达国家和地区的差距明显,我国现行食用菌农药残留相关标准尤其少。从数量上看,欧盟和日本有关食用菌农药残留的标准数量都是我国的 20 多倍;从检验项目上看,美国对百菌清的限量要求更加严格,而国际食品法典委员会(CAC)对丙环唑进行检验,这在我国标准中则是空白。[1] 因此我国在食用菌安全标准体系建设过程中,应重点做好以下几个方面工作。

第一,应依照简化、统一、协调的标准化根本原则,对现行食用菌标准体系中涉及安全质量的内容进行全面的规范和修订,以解决标准的重复、交叉的问题。

第二,要加快对新农药、新毒素的残留限量标准的研究和制定。不能只针对我国食用菌栽培过程中相关农药或化学品使用情况来制定食用菌技术标准,还应该重点针对国外使用较多而我国还未使用的农药或化学品,建立相应的残留检测方法和限量标准,以保证我国食用菌产品在国际贸易中的公平竞争。

第三,加快对食用菌有毒、有害物质检测方法标准的研究和修订。目前,我国很多检测方法标准是由个别单位制定的,未经多家实验室比对验证,在实际应用中问题较多,因此应进行系统梳理,及时给予修订;在制定检测方法时,要充分考虑不同食用菌产品在检测方面的差异性,以确保检测的准确度;要加强对多残留检测方法、快速筛选方法、在食用菌国际贸易中十分敏感的污染物关键检测方法的研究及其标准制定工作。同样,在销售食用菌产品之前,生产者掌握农药残留标准,保证食用菌质量安全,也需要方便快捷的检验检测技术。日本天野昭子等(2010)报道的在生产现场快速测定农药残留的简易方法从技术上帮助生产者在出货时检验农药残留,以确保产品农药残留量被控制在允许范围内。

第四,要加强农药、重金属及毒素等对食用菌产品和生态环境的风险评估研究,特别是对化学性和生物性危害的暴露评估与定量危险性评估,以及对加工食用菌产品的基因工程、食品辐照、红外线加热和改良包装的气体环境等新技术、新工艺、新资源的安全性研究与评估。加强对减少食用菌中有毒、有害物质污染的技术准则(如在食用菌生产中合理使用农药、添加剂等物质的技术标准;微生物、酶制剂、毒素等生物性物质的安全控制技术标准;辐照食品放射性污染控制技术标准等)的研究。

第五,针对国外有关有毒、有害物质残留限量标准的更新速度快等特点,我

① 王代红、陈喜君、王辉、孔祥辉、杨国立、陈丹:《我国食用菌有关标准现状、存在问题及完善建议》,《食用菌》2017 年第 1 期。

们必须建立监测、跟踪及标准再评估机制,及时调整我国食用菌标准中与之相关的有毒、有害物质的限量,做到加强预警和及时应对。例如国际食品法典委员会、欧盟等纷纷修订了包括食用菌在内的各类食品中重金属限量标准,总体趋势是要求越来越严格,欧盟在2015年6月26号发布的(EU)2015/1005号法规,对原(EC)No 1881/2006号法规中有关食品中铅的限量标准进行修订,该规定还要求除新鲜的双孢蘑菇、平菇和香菇中镉的含量为0.3 mg/kg外,其余重金属含量均为0.1 mg/kg[①],该法规自2015年7月15日开始实施。我国目前现行有效的标准GB 2762—2017中规定,食用菌及其制品中铅的限量值为1.0 mg/kg,并且未将品种及干鲜品等产品形式进行有效区分,我国规定的限量值范围与欧盟标准所规定的相比明显宽松。

① 赵晓燕、周昌艳、白冰、赵志勇、李晓贝、雷萍:《我国食用菌标准体系现状解析及对策》,《上海农业学报》2017年第33卷第2期。

# 第七章　推进我国食用菌技术标准及其体系建设的建议

## 第一节　进一步完善食用菌技术标准领域的法律法规

《中华人民共和国标准化法》于 1988 年 12 月 29 日第七届全国人民代表大会常务委员会第五次会议通过,2017 年 11 月 4 日,第十二届全国人民代表大会常务委员会第三十次会议修订该法,且从 2018 年 1 月 1 日起施行。新修订的《标准化法》明确拓展了标准化工作覆盖的领域,鼓励社会团体协调相关市场主体共同制定满足市场和创新需要的团体标准,鼓励参与国际标准化竞争活动,明确了政府与市场的关系,充分兼顾发挥活力与规范有序,释放制度红利。满足中央与地方在不同层次的管理需求,下放了地方标准制定权。同时,发挥标准化部门与行业部门积极性、合理性,构建并形成有效协同机制。未来食用菌技术标准领域法律法规的优化和完善还是要从我国食用菌产业实际出发,结合我国国情来适当引入与国际标准相关的内容。此外,使标准化工作更好地实现开放灵活、精准管理、多方参与、多元共治的局面,建议做好以下几方面工作。

第一,扩大标准制定范围,强调农业领域的标准化。《标准化法》的修订应以"发展社会主义市场经济,促进科技进步,提高产品质量和市场竞争力,实现社会、经济和生态可持续发展,维护国家和人民的利益,使标准化工作适应社会主义现代化建设和发展国际贸易的需要"为立法宗旨。该法的调整范围应由原来的工业、工程和环境领域,扩展到农业、信息、文化教育、服务及社会事业等领域。农业领域的标准化尤其重要,农业生产是国民经济的基础,而且其辐射领域大、覆盖范围广、标准化内容复杂,其可控性比工业等其他行业的可控性要差,因此《标准化法》要特别强调农业领域的标准化。

第二,明晰我国食用菌技术标准的层级结构,建立有效机制,避免交叉、重复。应进一步明确划分《标准化法》中不同层级标准的含义及其相互之间的关系,明晰标准层级与标准效力。建议建立国家层面上的食用菌标准化技术委员会,配置好科研和管理资源,建立并完善食用菌标准化协调推进与改革机制,研究涉及食用菌标准化领域的重大政策,对跨部门、跨领域,存在重大争议的标准的制定实施事项进行协调,进而更有效地开展我国食用菌标准化工作。

第三,完善食用菌团体、食用菌企业的制标机制,鼓励其参与标准的制定工作。在目前扩大食用菌团体与食用菌企业参与制定标准范围的基础上,国家应建立相应的标准团体准入机制和认可程序,明确其参与制定标准的程序与渠道,鼓励社会团体协调相关市场主体共同制定满足市场和创新需要的团体标准,支持在重要行业、新兴产业、关键技术领域等利用自主新技术制定团体标准、企业标准,共同完成食用菌标准化工作多元化投入机制的建立,充分吸收各相关方参与标准的制定,这样才能保证标准的市场适应性,以充分发挥制定标准的投入功效和标准的效能。

第四,完善有关食用菌的标准的实施监督机制。建议建立以强制性国家标准为重要依据的市场准入机制和退出机制及激励机制,有关部门应当加强对强制性国家标准的执行情况的监督检查,加大对违法行为的处罚力度。完善投诉举报渠道,强化公众的监督作用。

# 第二节　加快食用菌技术标准方面人才的培养

当前,我国食用菌标准化专业人才队伍建设明显滞后于食用菌产业以及食用菌标准化工作发展的需要,处于整体性人才短缺的现状。为此,我们应该针对食用菌产业发展和食用菌标准化工作现状,有目的、有计划地培养和造就食用菌行业标准化领域的各级、各类人才,进而带动整个食用菌行业人才队伍的建设与发展。

在标准技术人才建设方面,可由国家农业部与国家食用菌协会建立起长效培养机制,共同制定食用菌标准化人才的中长期培养规划,特别要建立行之有效的食用菌标准化人才培训体系(包括对培训机构、培训对象、培训方法、培训师资等方面的安排),科学地安排培训内容(包括食用菌专业知识、食用菌标准化知识、相关法律法规、相关贸易规则、相关贸易用语等),制定科学合理的培训方法(包括选拔、定向培养、引进、交流等)与管理制度(包括要求考取资格证书、进行资格认证等)。食用菌标准化工作既需要研究标准、制定和修订标准的人才,推广和实施标准的人才,进行食用菌产品的质量监督与认证的专业技术人才,也需要管理人才和经营人才,还需要热心于食用菌标准化事业的广大菌农和基层技术骨干。当前,要缓解食用菌标准化工作人才的大量需求与现有人才严重不足的矛盾,还可以利用相关科研院所、"龙头"企业、食用菌协会、食用菌战略联盟、食用菌合作社等组织平台加强继续教育工作,根据各级、各类人才的工作需要,有针对性地开展形式多样的食用菌标准化领域的培训。

在标准管理人才队伍建设方面,要求建立有效培训制度和机制,围绕食用菌技术标准化体系建设的内容和目标、食用菌产品标准制定的方法和准则、标准化实施的要求、食用菌产品市场的规律和对策等一系列知识和实务,进行具有针对性、阶段性的培训。对于基层管理人才的培养,应建立有效培训制度和机制。培训的重点应放在组织食用菌技术标准及标准化工作的宣传、示范、推广等具体工作上。这一层次的人才对食用菌标准的掌握必须深入标准的每一个细节,必须按照标准严格执行。同时,各级食用菌行业协会或组织应建立食用菌标准化实务的交流制度,通过专题会议、实地观摩、案例分析的交流形式,对于提高食用菌标准基层管理人才的素质也具有重要而明显的作用。

在标准应用人才队伍建设方面,同样必须采用"准入制度",必须实行"培训—考核—推广资格证书"的制度体系。在应用人才的培训中,应进行食用菌标准化知识的强化培训,使受培训者熟悉环境标准,熟悉投入品标准,熟悉栽培措施标准,熟悉食用菌产品标准和贮藏、运输等标准,使这类人才在熟悉标准的基础上掌握标准,从而能有效地带领和指导菌农执行标准,并且能有效地监督食用菌标准的执行和实施情况。此外,为了更好地培养这支队伍,还应由基层人员对应用人才的工作情况和标准的执行情况进行定期评估,使这支队伍尽快走向成熟。对于热心于食用菌标准化的菌农或技术骨干,同样可以实行"培训—适度考核—标准化绿色证书"的准入和确认制度,使之成为一支训练有素、能充分发挥带动和引导作用的人才队伍。

在农业院校培养标准化人才队伍方面,主要应在农业院校建立长效农业标准化人才培养机制,把农业标准化纳入培养计划中来,逐步设立包括"农业标准化概论""无公害食品概论""绿色食品概论""有机食品概论""农业清洁生产原理与方法""农业技术标准推广"等在内的农业标准化教育课程,应主动适应农业院校应用型人才培养和整个农业发展转型的要求。逐步建立一支以专职为主、专兼结合的稳定的师资队伍,发展具有影响力的农业标准化优势学科群,努力为农业标准化教育体系的建立提供良好的人才与技术支撑。要建立多种形式的校外实践基地,结合农事需要,组织学生前往农业标准化工作开展良好的校外教学实习基地,按标准要求开展农业生产实践,逐步延伸到农产品的加工、包装、贮藏、运输、销售与贸易等标准化领域,增强他们对农业标准化系统的感性认识,并进一步强化理性认识。

# 第三节　有效推进食用菌领域科技的研发与转化

目前,我国食用菌标准总体技术水平不高,这极大地制约我国食用菌产业结构的调整、食用菌产品质量安全水平的提高和食用菌产品出口贸易的发展,也是食用菌产品贸易中极易遭受技术性壁垒的薄弱环节,同时是我国现阶段食用菌产业发展中必须全力解决的关键问题,因此我们要重点围绕食用菌产品质量安全问题,开展与之相关的基础研究和应用技术研究。建议开展以下 4 个领域的研究。

第一,食用菌产品质量安全过程控制技术研究。如:产品有毒、有害物质的污染途径和机理,产品污染过程控制技术,生产投入品安全使用配套技术,病虫害有效防控和综合治理配套技术,主要产品及加工制品生产、加工过程的关键控制点和危害因素限值以及控制措施( 如 GAP、HACCP)等。

第二,食用菌质量安全溯源体系建设研究。食用菌作为一种菌类蔬菜产品,其生产以及销售过程与其他类蔬菜的生产及销售过程非常相似,但在栽培、加工、包装等过程中,质量问题仍时有发生,因此借鉴其他种类蔬菜的经验,开展标准化生产的同时,应深入探讨食用菌从生产到被端上餐桌的过程,建立食用菌质量追溯制度,搭建信息追溯平台,加强检测技术和工艺设备完善等方面的研究,特别是溯源途径为消费者提供了查询、反映的权利后,监管部门的介入处理以及实时公布信息的平台的建设尤为重要。

第三,食用菌质量评价与检测技术的研发。如:产品质量表征成分检测技术,产品真伪鉴别技术,产品特异性和特征性成分检测技术,质量无损检测技术,智能化产品质量分等分级技术,产品中重金属富集的数学建模等。

第四,食用菌产地环境质量安全评价及调控技术研究。如:产品产地环境主导影响因子研究,产品产地环境净化技术研究,产品生产基地水质、土壤、大气和栽培基质的危害性风险评价模式,有毒、有害气体的主要来源和污染途径研究等。

此外,我们还应重视对标准化的基础性、战略性问题的分析与研究。重点研究内容包括以下方面:研究主要贸易国的标准体系、技术法规体系和合格评定程序;研究如何有效利用 WTO/TBT 协议中有关安全、卫生和环保的规定;研究国外技术性贸易措施的设置技巧和方法,如何参与国际标准的制定与修改活动;研究如何利用民族习惯、地理位置、气候差异和资源特点的差异性,构建我国更有针对性、技术性的贸易措施体系;研究重要技术标准的技术依据的科学性、核心数据的可靠性以及关键技术指标的合理性等问题;研究国际标准和技术法规趋势以及采用国际标准的对策;研究标准化工作如何适应国际经济发展新趋势,如何服务于国家的发展战略和产业政策,如何促进我国食用菌产品的外贸出口等。

# 第四节　进一步落实食用菌技术标准

标准的实施与否,不仅决定着已有标准能否发挥其应有效用,同时也关系到能否进行信息反馈,引导标准的修订,保证标准和标准体系持续改进。因此食用菌技术标准的制定以及食用菌标准体系建设是一项食用菌标准化的基础工作,而标准的实施和推广才是食用菌标准化工作的核心任务所在。近些年,特别是 2000 年以后,我国食用菌标准化工作已处于快速发展阶段。目前,我国食用菌标准已具有一定的数量规模和覆盖面,食用菌标准体系框架基本形成。但从标准实施的实际情况来看,效果不是很理想。造成这些标准没有得到有效实施的原因很多,比如部分标准环节缺失,标准不能适应市场变化,标准的操作性不强,标准重复、交叉,标准未得到及时修订造成使用者不知所措,标准技术水平不高,以及种植户自身局限性等。这些问题就需要通过修订标准来解决。再者,推广和实施标准的有效手段和有效途径少、缺乏有效实施载体等原因造成这些标准没有得到有效实施,这种情况的避免则有赖于我们在实际应用过程中创新标准的推广模式和实施手段。

在强化食用菌标准的实施时,我们还必须立足我国现阶段食用菌产业和从业人员的实际情况,即我国食用菌生产组织化程度较低,菌农文化水平较低,食用菌市场化程度较低,导致我国食用菌标准化工作开展难度大;因长期以来受到计划经济的影响,食用菌生产者标准化意识差;加之我国食用菌产区范围广,不同地区之间的资源状况、经济发达程度和科技文化水平很不平衡,各地区的食用菌产业优势和发展重点也因此存在较大差异,这决定了食用菌标准化工作不可能遵循统一的模式进行推广,而必须结合当地实际,因地制宜,走特色发展道路。建议在强化食用菌标准的实施方面,重点做好如下4个方面工作:

第一,在加快我国食用菌技术标准体系建设的基础上,将技术标准与技术法规有机地结合起来。在政府对食用菌产品安全、食用菌生产安全、食用菌生产过程的环境保护等具有公共性的问题进行规范时,通过引用法律法规,如通过国家监督检查、强制标识、强制认证、生产许可等有效手段,使技术标准得以贯彻实施。

第二,建立食用菌标准研发与其产品合格评定的合作互补机制,建立技术标准和产品合格评定的信息共享平台及技术协商机制,确保技术标准和合格评定制度紧密结合,以便更好地服务企业或合作社的食用菌生产和贸易。

第三,加强食用菌标准的日常宣传和培训工作。以各级质量技术监督局的标准化队伍和食用菌协会等为依托,开展食用菌标准化信息服务,建立信息通畅的标准传播渠道,宣传食用菌标准和标准化工作。同时,应积极发挥大众媒体的作用,如通过电视、广播、报纸、宣传册等形式,推广实施食用菌标准,提高菌农的标准化意识。

第四,加强食用菌标准化示范区和示范项目建设。以点带面、典型示范,是标准化工作中行之有效的好方法和好经验。当前,我国食用菌标准化工作的开展还需要政府部门的大力示范和引导。通过建立食用菌标准化示范项目或工程,建设食用菌标准化示范区,是政府有效示范和引导食用菌标准化工作的有效方法。应当以"选好一个项目,建立一个标准体系,形成一个龙头,创立一个品牌,致富一方百姓"为原则进行食用菌标准化示范区建设;要紧紧围绕我国食用菌产业优势区域布局,逐步实现无公害食用菌生产、有机食用菌生产、珍稀食用菌生产和扩大食用菌产品出口,来开展标准化的示范和推广工作。

# 第五节　有效提高食用菌技术标准的市场适应性

　　自从《贸易技术壁垒协定》在1980年生效以来,伴随着贸易全球化、经济区域集团化和高新技术的迅速发展,国际标准的地位和作用与日俱增,在推动全球经济和社会的发展方面,国际标准显示出日益重要和不可替代的作用。我国是食用菌的生产大国和贸易大国,食用菌产品的国际贸易额虽然在我国总体贸易总额中所占的比重不大,但它仍关系到2 500多万食用菌相关从业人员的就业和收入。因此以提升食用菌产品的竞争力为核心,增强出口能力,增加出口数量,将是今后一个时期我国食用菌产业发展的一项重要而艰巨的任务。为了促进我国食用菌产品的出口,有效实现我国食用菌产业的可持续发展,我们应该围绕着"全面跟踪、积极采用、实质参与"的原则,大力推动我国食用菌标准的国际化战略。通过积极采用国际标准,提高我国食用菌产品进入国际市场的能力;通过实质参与国际相关标准的制定,使国际标准更多地反映我国的技术要求。以我国食用菌中农药最大残留限量为例,为提高我国食用菌的市场适应能力,建议重点做好如下工作。

　　首先,要尽快完善食用菌农药残留标准体系,有针对性地采用国际标准。针对国外已普遍制定的食用菌中农药最大残留限量、中国食用菌生产中普遍使用的农药以及主要食用菌进口国普遍使用的农药,尽快完善中国食用菌农药最大残留限量标准体系,使之适应质量安全监管、生产指导和出口贸易的需求。在充分考虑食用菌生产受生态环境、地理气候、品种资源、科技文化水平、生产方式等多种因素的影响程度大等前提下,适当采用国际食用菌农药残留标准,要坚决反对盲目照抄国外标准,反对简单地以采标程度来衡量标准的水平,进而推动中国标准向国际标准转化。

其次,要跟踪国际农药残留标准制定动态,积极参与国际农药残留标准的制定和修订的研究工作,争取拥有一定话语权。要根据生产和对外贸易需要,及时更新和修订食用菌农药残留标准,缩短更新周期,以期与国际标准及其他国外先进标准更好地接轨,降低出口风险,提高中国食用菌在国际市场的竞争力。在与我国利益有关的国际标准的立项和制定过程中,通过参加国际会议、国际标准投票等多种形式,参与到具有实质性的国际标准化活动中。在我国优势食用菌产品、特色食用菌产品方面,这一点尤为重要。

再次,要加强高效低残留新型农药的研制,加强农药残留检测方法和农药合理使用技术研究,提高农药检测技术和食用菌用药技术水平,有效降低农药残留,这不仅有利于食用菌产品的出口贸易,更关乎我国的食品安全和环境保护。

此外,在急需加强食用菌生理生化、重金属等基础研究领域,研究并制定具有国际领先水平的有关食品安全的国家标准或国际标准,以及针对出口国的标准,采用国际认可的检验检测方法及仪器设备,研究并制定国家检验检测标准或区域性检验检测标准;针对提升食用菌产品质量,加强保鲜技术研究和精深加工技术研究,制定具有国际领先水平的技术标准、产品标准及有关产品的包装、贮运、流通的标准,提升食用菌产业的整体竞争力,增强国际贸易话语权,提高食用菌技术标准的市场适应性。

# 第六节　加大食用菌技术标准建设的资金投入

食用菌标准化工作,从有关标准的研究、制定、修订、宣传、推广到食用菌产品质量检验,具有社会公益性质,没有投资回报机制,不能体现市场经济利益原则,而且食用菌产业目前在我国产业群中还属于弱势产业,食用菌标准化工作需要政府加大资金投入力度。食用菌标准体系建设的重要保证就是充足的经费,充足的经费更是切实推进食用菌标准化工作,提高食用菌产品质量安全水平和增强市场竞争力的重要保证。建议可在以下几个方面重点加大建设资金的投入力度。

第一,加大食用菌标准的制定和修订工作的经费投入力度。食用菌标准的制定和修订工作经费的充足与否,直接关系到标准的制定任务能否按期完成,食用菌标准的质量水平的高低以及该标准后续工作能否及时得到修订等问题。这些问题能否解决都会影响整个食用菌标准体系的技术性及其结构的完整性和市场适应性,从而对食用菌的标准化生产、食用菌的质量安全水平、食用菌的出口贸易发展等方面产生相应影响。目前,我国食用菌标准体系急需制定一些标准,例如涉及野生食用菌、食用菌工厂化生产、食用菌液体菌种、速冻保鲜技术、冷藏储运技术规范等方面的标准亟待制定。此外,还有大量有关食用菌的标准需要与食用菌产业结构调整、贸易发展的需求变化同步,需要进行修订。因此国家应进一步加大对食用菌标准的制定和修订工作的资金投入和支持力度。

第二,加大食用菌的科技研发、成果转化和技术推广等方面的资金投入力度。现代科技的进步及应用是食用菌标准化生产、食用菌产业优化发展、食用菌质量提高的前提条件。同时,科技发展也是解决产品贸易过程中食品的安全和卫生等方面的问题和争端的基本保证。有关食用菌的科学研究成果必须被推广到食用菌生产的实际过程中去,才能切实地转变为生产力。加强食用菌科学研究、成果转化和技术推广领域的投入力度,将有效地促进食用菌技术标准体系的建设。要重点增加与食用菌产品质量安全相关的科技研发、行业标准化工作的战略性问题的研究、食用菌重要技术标准的前期研究等方面的资金投入,将新成果写入标准,实现其在生产中才能发挥的应有效果。

第三,加大食用菌市场信息服务体系建设方面的资金投入力度。菌农是食用菌标准的使用者,需要有一个获取标准、技术法规等信息的畅通渠道。当前,在我国食用菌生产者文化素质不高、生产技术水平较落后的大背景下,国家应做好标准化信息的采集、加工、整理工作,应加大投入,尽快构建起一个及时、准确、高效、权威、便捷的食用菌标准信息平台。有计划地建立标准化信息服务网络,特别是建设一批乡村级技术服务站,及时为食用菌生产加工企业、地方食用菌协会以及由菌农组成的基层合作社等标准实施主体提供服务,这是加速食用菌标准的推广和实施,提高食用菌产品质量,提高食用菌产品营销效率的重要途径。

第四,加大食用菌标准化知识培训方面的投入力度。食用菌标准化工作的推进,需要培养和造就一支高素质的食用菌标准化专业人才队伍,需要生产者了解标准化知识并掌握标准化生产技能,需要全社会提高标准化意识。国家应加大对标准化队伍建设的投入,同时,要采取多种形式,加强对广大生产者、销售者、农业合作经济组织的培训,普及食用菌标准化知识。

# 参考文献

[1]耿建利.中国食用菌协会:对2016年度全国食用菌统计调查结果的分析 [EB/OL].[2018-06-07].http://www.emushroom.net/news/201710/18/ 28153.html.

[2]高茂林.我国食用菌产业概况[EB/OL].(2017-02-24)[2017-05-18]. http://www.cefa.org.cn/2017/03/03/10055.html.

[3]质检总局:食用菌产品质量国家监督抽查质量公告[EB/OL].(2007-06- 11)[2018-06-09].http://www.gov.cn/zfjg/content_644169.htm.

[4]中国食品土畜进出口商会食用菌分会.食用菌简讯[J].2009,78(1): 17-18.

[5]食用菌查出增白剂昆明农业局发通知加强监管[EB/OL].(2007-06-11) [2018-06-09].http://www.foods1.com/news/782699.

[6]2008年全国食品污染监测数据出炉 某些食品污染物检出率高[EB/OL]. [2018-06-09].http://www.cqvip.com/QK/96243X/200903/29870180. html.

[7]海口检出蘑菇罐头等十食品二氧化硫超标[EB/OL].(2009-06-15) [2018-06-09].http://info.tjkx.com/detail/460743.htm.

[8]孟祥海,张俊飚.食用菌产品质量安全防控措施探讨[EB/OL].(2013- 07-06)[2018-06-09].https://www.xzbu.com/2/view-5080856.htm.

[9]香港市面冬虫夏草良莠不齐 四成掺杂质(图)[EB/OL].(2009-07-31) [2018-06-09].http://www.chinanews.com/ga/ga-gw/news/2009/07- 31/1799278.shtml.

[10]中国食品土畜进出口商会食用菌分会.食用菌简讯[J].2009,84(8): 14-16.

[11]福建古田查获35吨"毒"金针菇[EB/OL].(2012-06-07)[2017-05-18].http://www.cdwb.com.cn/html/2012-06/07/content_1603096.htm.

[12]柏品清,邵祥龙,罗宝章,等.上海市6区食用菌中铅、镉、总汞、总砷污染状况调查与评估[J].中国卫生检验杂志,2018(9).

[13]耿建利.中国食用菌协会对2013年度全国食用菌统计调查结果的分析[EB/OL].[2017-05-18].http://www.emushroom.net/news/201412/15/22401.html.

[14]中华人民共和国农业部农产品加工局.2010中国农产品加工业发展报告[M].北京:中国农业科学技术出版社,2011.

[15]中国食品土畜进出口商会食用菌分会."肯定列表制度"实施对我国食用菌出口日本的影响[J].食药用菌,2008,16(1):26-28.

[16]我国食用菌出口难续写增势[EB/OL].(2011-11-10)[2017-05-18].http://nxt.nongmintv.com/show.php?itemid=19905.

[17]刑增涛,郁琼花.2012年我国双孢蘑菇罐头出口受阻事件解析[J].食用菌,2014,36(1):1-3.

[18]日本对我国产干木耳、鲜芋头中毒死蜱项目实施强化监控检查[EB/OL].(2015-08-24)[2017-06-20].http://jckspaqj.aqsiq.gov.cn/wxts/gwzxjyjyyq/201508/t20150824_447478.htm.

[19]浙江:丽水检验检疫部门积极应对韩国最严农残标准 三招支持食用菌出口企业[EB/OL].(2017-05-05)[2017-06-20].http://zixun.mushroommarket.net/201705/05/177798.html.

[20]邬建明.我国食用菌标准及标准体系现状[J].食用菌,2003(5):2-3.

[21]善丛.食用菌标准体系建设的探讨[J].林业勘查设计,2004(3):53-54.

[22]徐俊,高观世,侯波.构筑我国食用菌行业技术标准体系建议[J].食用菌,2006(3):1-2.

[23]张丙春,张红,李慧冬,等.我国食用菌标准现状研究[J].食品研究与开发,2008,29(10):162-165.

[24]吴素蕊,徐俊,邰丽梅,等.我国食用菌标准现状分析[J].中国食用菌,2011,30(6):7-10.

[25]邰丽梅,董娇,陈旭.食用菌国家标准现状分析[J].中国食用菌,2017,36

(4):72 - 76,79.

[26]王代红,陈喜军,王辉,等.我国食用菌有关标准现状、存在问题及完善建议[J].食用菌,2017(1):1 - 3.

[27]赵晓燕,周昌艳,白冰,等.我国食用菌标准体系现状解析及对策[J].上海农业学报,2017,33(2):168 - 172.

[28]贾身茂,郭恒,程雁,等.用法规和标准规范菌种质量和菌种市场的商讨[J].中国食用菌,2005,24(4):3 - 5.

[29]张金霞,黄晨阳,胡清秀.我国食用菌菌种管理技术标准解析[J].浙江食用菌,2007:13 - 15.

[30]宋驰,姚璐晔,徐兵,等.食用菌液体菌种生产技术标准现状与对策[J].中国食用菌,2017,36(3):16 - 20,25.

[31]谢道同.无公害食用菌生产及其技术标准[J].广西植保,2003,16(4):12 - 14.

[32]张志军,刘建华.关于无公害食用菌产品标准的探讨[J].天津农林科技,2005,8(4):10 - 11.

[33]李月梅,贾蕊.无公害食用菌生产技术规程的制定研究[J].安全与环境学报,2007,7(2):144 - 147.

[34]米青山,王尚堃.珍稀食用菌无公害标准化栽培技术的研究[J].安徽农学通报,2008,14(08):40 - 44.

[35]向敏.发展有机食用菌产业 应对国际贸易技术壁垒[J].中国食用菌,2003,22(2):3 - 5.

[36]赵晓燕,崔野韩,邢增涛,等.欧美地区有机食用菌生产技术标准规程解析[J].上海农业学报,2009,25(1):118 - 120.

[37]全球有机食用菌生产现状及市场表现情况中国报告网[EB/OL].[2018 - 06 - 18].https://max.book118.com/html/2016/0927/56119165.shtm.

[38]刁品春,范雪梅,张富国.我国与日本有机种植标准的比较研究[J].农产品质量与安全,2014(6):18 - 22.

[39]管道平,胡清秀.食用菌药残留限量与产品质量安全[J].中国食用菌,2008,27(2):3 - 6.

[40]贾身茂,刘桂娟.我国食用菌产品质量安全标准和实施现状[J].浙江食用

菌,2010,18(1):17－20.

[41]陆剑飞.影响食用菌安全的风险因子分析及对策[J].中国食用菌,2013,32(4):50－52.

[42]邹永生,董娇,李洁实,等.新农药残留限量标准对食用菌标准的影响分析[J].中国食用菌,2013,32(2):53－54.

[43]董娇,邰丽梅.国内外食用菌农药残留限量标准比较分析[J].中国食用菌,2017,36(5):1－5,30.

[44]贾身茂,孔维丽,袁瑞奇,等.我国食用菌术语标准实施现状与几个术语刍议[J].中国食用菌,2014,33(2):64－69.

[45]中华人民共和国国家质量监督检验检疫总局,中国国家标准化管理委员会.GB/T 20000.1—2014　标准化工作指南第1部分:标准化和相关活动的通用术语[S].中国标准出版社,2015.

[46]温珊林.从标准走入WTO[M].北京:中国标准出版社,2001.

[47]中华人民共和国国家质量监督检验检疫总局,中国国家标准化管理委员会.GB/T 12728—2006　食用菌术语[S].北京:中国标准出版社,2006.

[48]中华人民共和国国家质量监督检验检疫总局,中国国家标准化管理委员会.GB/T 13016—2009　标准体系表编制原则和要求[S].北京:中国标准出版社,2010.

[49]国家质量监督检验检疫总局.采用国际标准管理办法[J].质量技术监督研究,2002.

[50]国家食品药品监督管理总局科技标准司.GB 2763—2014　食品安全国家标准　食品中农药最大残留限量[S].北京:中国标准出版社,2014.

[51]中华人民共和国国家质量监督检验检疫总局,中国国家标准化管理委员会.GBT 23190—2008　双孢蘑菇[S].北京:中国标准出版社,2008.

[52]中华人民共和国国家质量监督检验检疫总局,中国国家标准化管理委员会.NY/T 224—2006　双孢蘑菇[S].北京:中国标准出版社,2006.

[53]中华人民共和国国家质量监督检验检疫总局,中国国家标准化管理委员会.GB 2762—2012　食用菌安全国家标准 食品中污染物限量[S].北京:中国标准出版社,2012.

[54]中华人民共和国国家质量监督检验检疫总局,中国国家标准化管理委员

会.GB 7096—2014　食品安全国家标准 食用菌及其制品[S].北京:中国标准出版社,2014.

[55]中华人民共和国国家质量监督检验检疫总局,中国国家标准化管理委员会.GB/T 6192—2008　黑木耳[S].北京:中国标准出版社,2008.

[56]中华人民共和国国家质量监督检验检疫总局,中国国家标准化管理委员会.NY/T 834—2004　银耳[S].北京:中国标准出版社,2004.

[57]中国化工仪器网.全国人大常委会表决通过标准化法修订案[EB/OL].(2017 – 11 – 06)[2018 – 06 – 20].http://www.chem17.com/news/Detail/115585.html.

[58]吴华强.日本肯定列表制度对我国出口食用菌的影响和对策[J].中国食用菌,2006,25(5):6 – 8.

[59]荣维广,郭华,杨红.我国中药材农药残留污染研究现状[J].农药,2006(5).

[60]中华人民共和国国家质量监督检验检疫总局,中国国家标准化管理委员会.GB/T 23202—2008　食用菌中 440 种农药及相关化学品残留量的测定 液相色谱 – 串联质谱法[S].北京:中国标准出版社,2008.

[61]中华人民共和国国家质量监督检验检疫总局,中国国家标准化管理委员会.GB/T 23216—2008　食用菌中 503 种农药及相关化学品残留量的测定 气相色谱 – 质谱法[S].北京:中国标准出版社,2008.

[62]孙丹峰,季幼章.国际标准化组织(ISO)简介[J].电源世界,2013(11):56 – 61.

[63]宋雯.国际食品法典委员会(CAC)简史[J].中国标准导报,2013(11):72 – 75.

[64]杨桂玲,徐学万,袁玉伟,等.美国食品法典工作机制及启示[J].农产品质量与安全,2010(2):58 – 59.

[65]魏启文,杨明升,奚朝鸾,等.国际植物保护公约的由来及发展[J].农业质量标准,2003(3):44 – 47.

[66]李凤云.美国标准化调研报告(上)[J].冶金标准化与质量,2004,42(2):27 – 30,34.

[67]李凤云.美国标准化调研报告(中)[J].冶金标准化及质量,2004,42(4):

53 – 62.

[68]廖丽,程虹,刘芸.美国标准化管理体制及对中国的借鉴[J].管理学报,
2013,10(12):1805 – 1809.

[69]杨辉.美国标准化管理体制对我国的启示[J].世界贸易组织动态与研究,
2006(5):37 – 39.

[70]熊明华.浙江省发展农业标准化的对策研究[D].浙江大学,2004.

[71]钱永忠,魏启文.中国农业技术标准发展战略研究[M].中国标准出版社,
2005:21 – 144.

[72]王敏.我国农业标准体系现状、问题及对策[D].中国农业大学,2005.

[73]陆平,邓佩,何维达.技术贸易壁垒对我国食品产业及贸易影响的实证分析
[J].中国管理信息化,2015,1(5).

[74]王代红,陈喜君,王辉,等.我国食用菌有关标准现状、存在问题及完善建议
[J].食用菌,2017(1):1 – 3.

[75]赵晓燕,周昌艳,白冰,等.我国食用菌标准体系现状解析及对策[J].上海
农业学报,2017,33(2).

[76]王若聪,郑增忍,盖日忠,等.浅议吸收国际标准应重视标准的经济和贸易
属性[J].中国动物检疫,2006,23(7):5 – 7.

[77]李贺,许修宏,王相刚.我国食用菌技术标准的现状、问题及对策研究[J].
中国食用菌,2015,34(3):1 – 6.

[78] COABC. Certified organic management standards: Organic mushroom
production [M]. British Columbia Certified Organic Program Symbol User's
Guide, 2005.

[79] GABRIEL S. EEC Regulation No. 2092/91 and in its amendments: Organic
production[S]. The Council of the European Union,2007.

[80] BLOOM S M, DURAM L A. A framework to assess state support of organic
agriculture[J]. Journal of sustainable agriculture,2007,30(2):105 – 123.

[81] ANASTASIOS SEMOS, ACHILLEAS KONTOGEORGOS. HACCP
implementation in northern Greece:Food companies' perception of costs and
benefits[J]. British Food Journal,2007(6):5 – 19.

[82] CORMIER R J, MALLET M, CHIASSON S, et al. Effectiveness and

performance of HACCP – based programs [J]. Food Control 2007, 18 (6):
665 – 671.

[83] FINCKH M R. Plant protection in organic agriculture: a systems approach for
above – ground disease management[J]. The XVI International Plant Protection
Congress, 2007 (6):116 – 117.

[84] Amending Regulation (EC) No 1881/2006 as regards maximum levels of lead
in certain foodstuffs: (EU) 2015/1005 [S/OL]. (2015 – 06 – 26) [2016 –
02 – 22]. http://eur – lex. europa. eu/eli/reg/2015/1005/oj.

参考文献

# 附录 1

NY/T 1846—2010

## 食用菌菌种检验规程

### 1 范围

本标准规定了各类食用菌菌种质量的检验内容和方法以及抽样、判定规则等要求。

本标准适用于各类食用菌各级菌种质量的检验。

### 2 规范性引用文件

下列文件对于本文件的应用是必不可少的，凡是注日期的引用文件，仅注日期的版本适用于本文件。凡是不注日期的引用文件，其最新版本（包括所有的修改单）适用于本文件。

GB/T 191 包装储运图示标志（GB/T 191—2008　ISO. 780:1997,MOD）

GB/T 4789.28　食品卫生微生物学检验染色法、培养基和试剂

GB 19169　黑木耳菌种

GB 19170　香菇菌种

GB 19171　双孢蘑菇菌种

GB 19172 平菇菌种

GB/T 23599　草菇菌种

NY/T 528—2002　食用菌菌种生产技术规程

NY/T 862　杏鲍菇和白灵菇菌种

NY/T 1097　食用菌菌种真实性鉴定　酯酶同工酶电泳法

NY/T 1730 食用菌菌种真实性鉴定 ISSR 法

NY/T 1742 食用菌菌种通用技术要求

NY/T 1743 食用菌菌种真实性鉴定 RAPD 法

NY/T 1845—2010 食用菌菌种区别性鉴定 拮抗反应

## 3 术语和定义

下列术语和定义适用于本标准。

### 3.1 送检样品 submitted sample

送到菌种检验机构待检验的、达到规定数量的样品。

### 3.2 试验样品 working sample

在实验室中从送检样品中分出的部分样品,供测定某一检验项目之用。

## 4 检验内容和方法

### 4.1 感官检验

#### 4.1.1 母种

##### 4.1.1.1 容器

用米尺测量试管外径和管底至管口的长度,肉眼观察试管有无破损。

##### 4.1.1.2 棉塞(无棉塑料盖)

手触是否干燥;肉眼观察是否洁净,对着光源仔细观察是否有粉状物;松紧度以手提起棉塞或拔出棉塞的状况检查;棉塞透气性和滤菌性以观察塞入试管口内或露出试管口外棉塞的长度检查。

##### 4.1.1.3 斜面长度

用米尺测量斜面顶端到棉塞的距离。

##### 4.1.1.4 斜面背面外观

肉眼观察培养基边缘是否与试管壁分离,同时观察培养基的颜色。

##### 4.1.1.5 母种外观其他各项

肉眼观察菌丝有无其他色泽及异常,有无螨类,必要时用 5 倍放大镜观察。

##### 4.1.1.6 气味

在无菌条件下拔出棉塞,将试管口置于距鼻 5 cm ～ 10 cm 处,屏住呼吸,用清洗干净、酒精棉球擦拭过的手在试管口上方轻轻扇动,顺风鼻闻。

附录一

97

### 4.1.2 原种和栽培种

#### 4.1.2.1 容器

肉眼观察有无破损。

#### 4.1.2.2 棉塞(无棉塑料盖)

按照 4.1.1.2 的要求。

#### 4.1.2.3 培养基上表面距瓶(袋)口的距离

用米尺测量。

#### 4.1.2.4 接种量

原种用米尺测量接种块大小,栽培种检查生产记录。

#### 4.1.2.5 杂菌菌落

肉眼观察,必要时用 5 倍放大镜观察。

#### 4.1.2.6 菌种外观其他各项

肉眼观察菌丝有无其他色泽及异常,有无螨类,必要时用 5 倍放大镜观察。

#### 4.1.2.7 气味

按照 4.1.1.6 的要求。

### 4.2 菌丝微观特征检验

#### 4.2.1 插片培养法

挑取试验样品中少量菌丝分别接种于 2 个 PDA 平板上,25℃ 培养 3 d,在菌落边缘处插入无菌盖片,继续在 25℃ 下培养 2 d～3 d,取出盖片,盖于载玻片的水滴上,显微镜下观察。先用 10 倍物镜观察菌丝是否粗壮、丰满、均匀,再转到 40 倍物镜下观察菌丝的细微结构。需要测量菌丝粗细的可在目镜内装好测微尺,对菌丝直径进行测量。同时观察有无锁状联合、形态结构和特征。每一试检样品应检查不少于 30 个视野。

#### 4.2.2 水封片观察法

取干净载玻片,滴一滴无菌水,用无菌操作方法挑取试验样品中少量菌丝于水滴中,挑散菌丝,盖上盖玻片,先用 10 倍物镜观察菌丝是否粗壮、丰满、均匀,再转到 40 倍物镜下观察菌丝的细微结构。需要测量菌丝粗细的可在目镜内装好测微尺,对菌丝直径进行测量。同时观察有无锁状联合、形态结构和特征。每一试检样品应检查不少于 30 个视野。

### 4.3 霉菌检验

从试验样品中挑出 3 mm×3 mm～5 mm×5 mm 大小的菌种块,在无菌条件下接种于 PDA 培养基上,置于 25℃～28℃ 温度下培养,5 d～7 d 后取出,在光线充足的条件下对比观察。检查菌落是否外观均匀、边沿整齐,是否具有该菌种的固有色泽;有无绿、黑、黄、红、灰等颜色的粉状分生孢子或异常。

### 4.4 细菌检验

#### 4.4.1 液体培养基检验法

从试验样品中挑出 3 mm×3 mm～5 mm×5 mm 大小的菌种块,在无菌条件下接种于 GB/T 4789.28,4.8 规定的细菌营养肉汤培养基中,置于摇床上在 28℃ 下振荡培养 1 d～2 d 后取下,在光线充足的条件下对比观察。检查培养基是否仍呈半透明状,还是出现浑浊或具有异味。

#### 4.4.2 固体培养基检验法

从试验样品中挑出 3 mm×3 mm～5 mm×5 mm 大小的菌种块,在无菌条件下接种于 PDA 斜面上,置于 28℃ 下培养 1 d～2 d 后取出,在光线充足的条件下对比观察。检查菌落外观色泽是否呈一致的白色、边沿整齐否;培养物接种块周围菌丝是否均匀,是否萌发少、稀疏;接种块周围有无糊状的细菌菌落。

### 4.5 菌丝生长速度测定

#### 4.5.1 母种

用直径 90 mm 的培养皿干热灭菌后,在无菌条件下倒入规定使用的培养基 20 mL,自然凝固制成平板。取斜面上位一半处 3 mm×3 mm～5 mm×5 mm 菌种一块,菌丝朝上接种于平板中央,接种平板 5 个,置于 25℃±1℃ 下培养。48 h 后观察是否有污染发生,如无污染,PDA 培养基培养 6 d 后再观察,如尚未长满,以后每日观察,直至 11 d;PDPYA 培养基培养 8 d 后再观察,如尚未长满,以后每日观察,直至第 10 d。观察并记录长满平板天数。

#### 4.5.2 原种和栽培种

使用符合 NY/T 528 中 4.7.1.3、4.7.1.4 规定的食用菌原种、栽培种的菌种瓶(袋),根据不同的种类,选择附录 B 中适宜的培养基,装 6 瓶(袋)灭菌冷却后备用。取供检菌种按接种量要求接入,在适温下恒温培养。接种后 3 d～5 d 进行首次观察,以后每隔 5 d～7 d 观察 1 次,菌丝长满前 7 d 应每天观察,记录长满瓶(袋)的天数。

附录一

### 4.6　真实性鉴定

按照 NY/T 1097、NY/T 1730、NY/T 1743、NY/T 1845—2010 方法执行。异宗结合种类任选其中 3 种方法,同宗结合种类应选用除拮抗反应之外的 3 种方法。

### 4.7　母种农艺性状和商品性状

#### 4.7.1　制作原种

以送检母种作为种源,选择适宜的原种培养基配方,制菌瓶(袋)45 个,分 3 组;以法定认可的标准菌株或留样菌种为对照菌种,采用同样方法进行制种管理。

#### 4.7.2　栽培

根据送检菌种类别,选择不同的栽培培养基配方,制作菌袋 45 个(床、块栽培 9 ㎡),接种后,分 3 组进行常规管理,做好栽培记录,统计结果。依据不同的菌种,分别按标准 GB 19169、GB 19170、GB 19171、GB 19172 、GB/T 23599、NY 862 或 NY/T 1742 中相关规定执行。

### 4.8　包装、标签、标志检验

按照 GB 19169 、GB 19170、GB 19171、GB 19172、GB/T 23599、NY 862 或 NY/T 1742 中相关要求检验。

## 5　抽样

### 5.1　抽样方法

采取随机抽样,从批次中抽取具代表性的送检样品。

### 5.2　抽样数量

母种、原种、栽培种的抽样量分别为该批次菌种的 10% 、5% 、1% 。但每批次抽样量不得少于 10 支(瓶、袋);超过 100 支(瓶、袋)的,可进行两级抽样。

## 6　判定规则

### 6.1　菌种真实性

按照 NY/T 1097 、NY/T 1730、NY/T 1743 三个鉴定方法,三种方法的鉴定结果都与对照品种相同的,为品种相同,判定为菌种真实。

按照 NY/T 1097 、NY/T 1730、NY/T 1743 三个鉴定方法,三种方法的鉴定

结果都与对照品种不同的,为品种不同,判定为菌种不真实。

按照 NY/T 1845—2010 鉴定的异宗结合种类,与对照品种有拮抗反应的,为品种不同,判定为菌种不真实。

## 6.2 合格菌种

菌种具真实性,菌丝微观形态、培养特征、杂菌和虫(螨)体、菌丝生长速度、母种栽培性状、标签及感官中的菌种外观、斜面背面外观、气味等项均符合标准要求的,为合格菌种。

## 6.3 不合格菌种

菌种的真实性、菌丝微观形态、培养特征、杂菌和虫(螨)体、菌丝生长速度、母种栽培性状、标签及感官中的菌种外观、斜面背面外观、气味等任何一项不符合标准要求的,为不合格菌种。

# 附录 2

NY/T 1935—2010

## 食用菌栽培基质质量安全要求

## 1 范围

本标准规定了食用菌栽培基质的术语和定义、要求、包装、运输和贮存。

本标准适用于各种栽培食用菌的固体栽培基质。

## 2 规范性引用文件

下列文件对于本文件的应用是必不可少的。凡是注日期的引用文件,仅注日期的版本适用于本文件。凡是不注日期的引用文件,其最新版本(包括所有的修改单)适用于本文件。

GB 5749 生活饮用水

GB/T 12728—2006 食用菌术语

NY 5099—2002 无公害食品 食用菌栽培基质安全技术要求

NY 5358—2007 无公害食品 食用菌产地环境条件

## 3 术语和定义

GB/T 12728—2006 界定的以及下列术语和定义适用于本文件。

### 3.1 栽培基质 cultivar substrate

食用菌栽培过程中,为食用菌生长繁殖提供营养的物质。

## 4 要求

### 4.1 原辅材料

4.1.1 原辅材料在放置过程中应注意通风换气,保持贮藏环境干燥,防止原辅材料滋生虫蛆和霉烂变质。原辅材料使用前应在阳光下翻晒,将霉变、虫蛀严重的原辅材料拣出并做无害化处理。食用菌对木屑等原料的堆制期有特殊要求的,应按照生产实际进行处置。在加工粉碎过程中避免带来机油等外源污染。保持原料新鲜、洁净、干燥、无虫、无霉、无异味。

4.1.2 主料:除桉、樟、槐、苦楝等含有害物质树种外的阔叶树木屑;自然堆积六个月以上的针叶树种的木屑;稻草、麦秸、玉米芯、玉米秸、高粱秸、棉子壳、废棉、棉秸、豆秸、花生秸、花生壳、甘蔗渣等农作物秸秆皮壳;糠醛渣、酒糟、醋糟等。

4.1.3 辅料:麦麸、米糠、饼肥(粕)、玉米粉、大豆粉、禽畜粪等。

### 4.2 生产用水

应符合 GB 5749 的规定。不应随意加入药剂、肥料或成分不明的物质。

### 4.3 化学投入品

4.3.1 化学添加剂应符合 NY 5099—2002 中附录 A 的规定。栽培基质中不应随意或超量加入化学添加剂,不应使用未经有关部门做安全性评价的添加剂。

4.3.2 化学药剂应符合 NY 5099—2002 中附录 B 的规定。应使用具有有效农药登记证、允许在食用菌生产上使用的农药。

### 4.4 覆土

应符合 NY 5358—2007 中 3.3 的规定。应使用天然的、未受污染的泥炭土、草炭土、林地腐殖土或农田耕作层以下的壤土。

### 4.5 栽培基质制备

4.5.1 栽培基质可根据生产用不同菌种的实际需要,设计科学合理的配方进行配制。

4.5.2 为防止栽培过程中杂菌滋生和虫害发生,应严格按照高温高压灭菌、常压灭菌、前后发酵、覆土消毒等生产工艺进行。需要灭菌处理的,应灭菌彻底;需要发酵处理的,应发酵全面、均匀,应使用已取得微生物肥料登记证或省级以上农业主管部门颁发的推广证、允许在食用菌生产中使用的微生物发酵剂。各种原辅材料的加工、分装和灭菌应尽快完成。灭菌后的基质应达到无菌状态。

4.5.3 栽培基质制备过程中使用的设备和工具应保持清洁,不应对栽培基质造成污染。灭菌设备应符合国家相关标准规定,并由具有相关资质人员操作,定期检修。

4.5.4 使用的塑料制品,宜选择聚乙烯、聚丙烯或聚碳酸酯类产品,质量符合国家相关卫生标准,并在使用后集中无害化处理。不宜使用聚氯类产品。

## 5 包装、运输和贮存

### 5.1 包装

食用菌栽培基质的包装材料应清洁、干燥、无毒、无异株,牢固无破损。包装形式可以散装、袋装或按用户要求包装。

### 5.2 运输

食用菌栽培基质的运输工具应清洁、干燥,有防雨防晒措施。不应与有毒、有害、有腐蚀性或其他有污染的物品混运。

### 5.3 贮存

食用菌栽培基质应贮存在阴凉、通风、干燥处。不应与有毒、有害物质混放。

# 附录 3

GB 7096—2014

## 食品安全国家标准
## 食用菌及其制品

## 1 范围

本标准适用于食用菌及其制品。

## 2 术语和定义

### 2.1 食用菌

可食用的大型真菌。多数为担子菌,如双孢蘑菇、香菇、草菇、牛肝菌等。少数为子囊菌,如羊肚菌、块菌等。

### 2.2 食用菌制品

以食用菌为主要原料,经相关工艺加工制成的食品,包括干制食用菌制品、腌制食用菌制品、即食食用菌制品等。

#### 2.2.1 干制食用菌制品

以食用菌为主要原料,经预处理、干燥等工艺制成的食用菌制品。

#### 2.2.2 腌制食用菌制品

以食用菌为主要原料,经预处理、腌制等工艺制成的食用菌制品。

#### 2.2.3 即食食用菌制品

以食用菌为主要原料,经相关工艺加工制成可直接食用的食用菌制品。

## 3 技术要求

### 3.1 原料要求

原料应符合相应的食品标准和有关规定。

### 3.2 感官要求

感官要求应符合表 1 的规定。

表 1 感官要求

| 项目 | 要求 | 检验方法 |
|------|------|----------|
| 色泽 | 具有产品应有的色泽 | 取适量试样置于白色瓷盘中,在自然光下观察色泽和状态。闻其气味,用温开水漱口,品其滋味 |
| 滋味、气味 | 具有产品应有的滋味和气味 | |
| 状态 | 具有产品应有的状态,无正常视力可见外来异物,无霉变,无虫蛀 | |

### 3.3 理化指标

理化指标应符合表 2 的规定。

表 2 理化指标

| 项目 | | 指标 | 检验方法 |
|------|---|------|----------|
| 水分/(g/100 g) | | | |
| 香菇干制品 | ≤ | 13 | GB 5009.3 |
| 银耳干制品 | ≤ | 15 | |
| 其他食用菌干制品 | ≤ | 12 | |
| 米醇菌酸/(mg/kg) | | | GB/T 5009.189 |
| 银耳及其制品 | ≤ | 0.25 | |

### 3.4 污染物限量

污染物限量应符合 GB 2762 的规定。

### 3.5 农药残留限量

农药残留限量应符合 GB 2763 的规定。

### 3.6 微生物限量

即食食用菌制品致病菌限量应符合 GB 29921 中即食果蔬制品类的规定。

### 3.7 食品添加剂

食品添加剂的使用应符合 GB 2760 的规定。

# 附录  4

QB/T 4706—2014

## 调味食用菌类罐头

### 1  范围

本标准规定了调味食用菌类罐头的术语和定义、产品分类、要求、试验方法、检验规则、标志、包装、运输、贮存。

本标准适用于调味食用菌类罐头。

### 2  规范性引用文件

下列文件对于本文件的应用是必不可少的。凡是注日期的引用文件,仅注日期的版本适用于本文件。凡是不注日期的引用文件,其最新版本(包括所有的修改单)适用于本文件。

GB/T 191　包装储运图示标志

GB 317　白砂糖

GB 2716　食用植物油卫生标准

GB 2760　食品安全国家标准　食品添加剂使用标准

GB 4789.26　食品安全国家标准　食品微生物学检验　商业无菌检验

GB 5461　食用盐

GB 5749　生活饮用水卫生标准

GB 7096　食用菌卫生标准

GB 7098　食用菌罐头卫生标准

GB 7718　食品安全国家标准　预包装食品标签通则

GB 8950　罐头厂卫生规范

GB/T 8967　谷氨酸钠(味精)

GB/T 10786　罐头食品检验方法

GB 11675　银耳卫生标准

GB/T 12457　食品中氧化钠的测定

GB/T 15691　香辛料调味品通用技术条件

GB 18186　酿造酱油

GB 20371　食品工业用大豆蛋白

GB 28050　食品安全国家标准 预包装食品营养标签标准

QB/T 1006　罐头食品检验规则

QB/T 2845　食品添加剂　呈味核苷酸二钠

QB/T 4631　罐头食品包装、标志、运输和贮存

国家质量监督检验检疫总局令[2005]年第 75 号《定量包装商品计量监督管理办法》

## 3　术语和定义

下列术语和定义适用于本文件。

### 3.1　调味食用菌类罐头　canned dressing edible fungi

以食用菌为主要原料,经加工处理、调味,采用镀锡薄钢板罐、玻璃罐或高阻隔软包装袋、盒、瓶等容器,进行装罐(灌装)、密封、杀菌、冷却制成的罐藏食品。

## 4　产品分类

产品按形态分为两类:调味食用菌罐头和调味食用菌酱罐头。

## 5　要求

### 5.1　原辅材料

#### 5.1.1　食用菌(不含银耳)

应符合相关质量标准和 GB 7096 的要求。

### 5.1.2 银耳

应符合相关质量标准和 GB 11675 的要求。

### 5.1.3 食用植物油

应符合相关质量标准和 GB 2716 的要求。

### 5.1.4 酱油

应符合 GB 18186 的要求

### 5.1.5 白砂糖

应符合 GB 317 的要求。

### 5.1.6 水

应符合 GB 5749 的要求。

### 5.1.7 大豆蛋白

应符合 GB 20371 的要求。

### 5.1.8 谷氨酸钠(味精)

应符合 GB/T 8967 的要求。

### 5.1.9 食用盐

应符合 GB 5461 的要求

### 5.1.10 呈味核苷酸二钠

应符合 QB/T 2845 的要求。

### 5.1.11 香辛料

应符合 GB/T 15691 的要求。

### 5.2 感官要求

应符合表 1 的要求。

表 1　感官要求

| 项目 | 要求 | |
|---|---|---|
| | 调味食用菌罐头 | 调味食用菌酱罐头 |
| 色泽 | 具有该品种应有的色泽 | |
| 滋味和气味 | 具有该品种应有的滋味和气味 | |
| 形态 | 呈块状或条状,柔嫩,略有弹性或脆感 | 呈颗粒状或酱状,均匀不流散 |

### 5.3　理化指标

#### 5.3.1　固形物含量

有汤汁产品的固形物含量不应低于60%。

#### 5.3.2　氯化钠含量

不应高于4.0%。

### 5.4　卫生指标

#### 5.4.1　污染物

应符合 GB 7098 的要求。

#### 5.4.2　微生物

应符合 GB 4789.26 的要求。

#### 5.4.3　食品添加剂

食品添加剂质量应符合相的标准和要求,食品添加剂的品种和使用量应符合 GB 2760 的规定。

#### 5.4.4　生产加工过程的卫生

按 GB 8950 的规定执行。

### 5.5　净含量

按国家质量监督检验检疫总局令[2005]年第75号《定量包装商品计量监督管理办法》执行。

每批产品平均净含量不应低于标示值。

## 6　试验方法

### 6.1　感官要求

按 GB/T 10786 规定的方法进行检验。

### 6.2　固形物含量

按 GB/T 10786 规定的方法进行检验。

### 6.3　氯化钠含量

按 GB/T 12457 规定的方法进行测定。

### 6.4　污染物

按 GB 7098 规定的方法进行测定

## 6.5 净含量

按 GB/T 10786 规定的方法进行检验。

## 7 检验规则

按 QB/T 1006 的规定执行。其中感官要求、净含量、固形物含量、氯化钠含量、做生物为出厂检验项目。

## 8 标志、包装、运输、贮存

产品的标签应符合 GB 7718、GB 28050 及有关规定,产品名称应标示食用菌名称,如"香辣香菇酱罐头"、"麻辣杏鲍菇罐头"、"调味蘑菇罐头"等,也可标示为"香辣香菇酱"、"麻辣杏鲍菇"、"调味蘑菇"等。产品的包装储运图示标志应符合 GB/T 191 的规定

产品的包装、运输和贮存应符合 QB/T 4631 的有关规定。

附录 4

# 附录 5

NY/T 3220—2018

## 食用菌包装及储运技术规程

### 1 范围

本标准规定了 12 种食用菌的人员、场地和设施、采收和质量要求、鲜菇冷藏、干菇储藏、库房要求、储藏管理、包装、出库、运输、试验方法等技术要求。

本标准适用于 10 种食用菌（香菇、平菇、金针菇、双孢蘑菇、杏鲍菇、鸡腿菇、白灵菇、秀珍菇、茶树菇、猴头菇）鲜菇、干菇以及干品（黑木平、银耳））的包装与储运。

### 2 规范性引用文件

下列文件对于本文件的应用是必不可少的，凡是注日期的引用文件，仅注日期的版本适用于本文件。凡是不注日期的引用文件，其最新版本（包括所有的修改单）适用于本文件。

GB/T 191 包装储运图示标志

GB 4806.7 食品安全国家标准 食品接触用塑料材料及制品

GB 5009.3 食品安全国家标准 食品中水分的测定

GB 5009.189 食品安全国家标准 食品中米酵菌酸的测定

GB/T 5600 铁道火车通用技术条件

GB/T 5737 食品塑料周转箱

GB/T 6543 运输包装用单瓦楞纸箱和双瓦楞纸箱

GB 7096 食品安全国家标准 食用菌及其制品

GB/T 7392　集装箱的技术要求和试验方法　保温集装箱

GB 7718　食品安全国家标准　预包装食品标签通则

GB/T 8855　新鲜水果和蔬菜　取样方法（ISO 874:1980,IDT）

GB/T 8946　塑料编织袋通用技术要求

GB/T 12728　食用菌术语

GB/T 30134　冷库管理规范

GB 50072　冷库设计规范

JT/T 650　冷藏保温厢式挂车通用技术条件

LY/T 2132　森林食品　猴头菇干制品

NY/T 1061　香菇等级规格

NY/T 1790　双孢蘑菇等级规格

NY/T 1836　白灵菇等级规格

NY/T 1838　黑木耳等级规格

NY/T 2715　平菇等级规格

QC/T 449　保温车、冷藏车技术条件及试验方法

SB/T 10728—2012　易腐食品冷链技术要求　果蔬类

SB/T 11099—2014　食用菌流通规范

中华人民共和国农业部令 2006 年第 70 号　农产品包装和标识管理办法

国家质量监督检验检疫总局令 2005 年第 75 号　定量包装商品计量监督管理办法

## 3　术语和定义

GB/T 12728 界定的以及下列术语和定义适用于本文件。

### 3.1　预冷　pre-cooling

食用菌采收后及时将其冷却到适宜温度的过程。

注:改写 SB/T 10728—2012,定义 3.3。

### 3.2　有害杂质 harmful impurity

混入食用菌中对人体有害和有碍卫生的物质,包括玻璃、金属、矿物质、毛发、昆虫尸体、塑料等。

## 4 人员、场地和设施

### 4.1 工作人员要求

#### 4.1.1 生产操作人员

生产操作人员应保持个人卫生,上岗前应经过培训,掌握采收、加工技术和操作技能。

#### 4.1.2 包装人员

包装人员进入工作场所前应洗手、更衣、换鞋、戴帽和口罩后进入车间。离开车间时应换下工作衣、帽和鞋,存放在更衣室内。

### 4.2 场地要求

#### 4.2.1 栽培场地

生产场地应清洁卫生、地势平坦、排灌方便,有饮用水源,生态环境良好。

#### 4.2.2 包装场地

包装厂区要清洁卫生、合理布局,各功能区域划分明显。

### 4.3 场所要求

#### 4.3.1 生产场所

生产场所应根据场地特点和生产要求合理布局,生产区与原料库、成品库、生活区应分开。

#### 4.3.2 包装场所

包装场所应设有供水、排水、清洁消毒、照明、仓储等设施。

## 5 采收和质量要求

### 5.1 采收

#### 5.1.1 采收要求

根据产品用途确定采收标准,及时采收,随手修整、分级,剔除附带的培养基质、泥土等杂质。

#### 5.1.2 采收方法

采收时戴干净、清洁的手套,用手指捏紧菇柄或耳片的基部,先左右旋转,再轻轻向上拔起。注意减少损伤。

## 5.2 质量要求

### 5.2.1 感官指标

用于入库储藏的食用菌感官指标及检测方法应符合表 1 的规定。

**表1 感官指标**

| 项目 | 要求 | | 检测方法 |
|---|---|---|---|
| | 鲜品 | 干品 | |
| 外观形状 | 菇形正常、饱满有弹性 | 菇形正常/菇片均匀，或菌颗粒粗细均匀，或压缩食用菌块状规整 | 目测法 |
| 色泽、气味 | 具有该食用菌周有的色泽和香味，无异味 | | 目测和鼻闻法 |
| 有害杂质 | 无 | | 目测法 |
| 霉烂菇 | 无 | | 目测法 |
| 虫蛀菇 | 无 | | 目测法 |
| 破损菇(%) | ≤5 | ≤10 | 目测法 |

### 5.2.2 理化指标

用于入库储藏的食用菌理化指标及检测方法应符合表2的规定。

**表2 理化指标**

| 项目 | 要求 | | 检测方法 |
|---|---|---|---|
| | 鲜品 | 干品 | |
| 水分,% | 鲜食用菌≤91.0 鲜双孢蘑菇、鲜平菇、鲜茶树菇、鲜香菇≤92.0 鲜花菇≤86.0 | 干香菇、干茶树菇≤13.0 干黑木耳≤14.0 干银耳≤15.0 其他食用菌干品≤12.0 | GB 5009.3 |
| 米酵菌酸,mg/ kg | 银耳≤0.25 | | GB 5009.189 |

### 5.2.3 卫生指标

卫生指标应符合 GB 7096 的规定。

### 5.3 净含量

应符合国家质量监督检验检疫总局令 2005 年第 75 号的规定。

## 6 鲜菇冷藏

### 6.1 分级

香菇分级标准按照 NY/T 1061 的规定执行,双孢蘑菇分级标准按照 NY/T 1790 的规定执行,平菇分级标准按照 NY/T 2715 的规定执行,白灵菇分级标准按照 NY/T 1836 的规定执行,金针菇分级标准按照 SB/T 11099—2014 中表 4 的规定执行,其他菇类分级标准根据客户要求或市场需求执行。

### 6.2 包装

应采用聚乙烯或聚丙烯薄膜包装,或根据客户要求进行包装。

### 6.3 预冷

#### 6.3.1 预冷要求

采摘后及时预冷。采摘温度在 0℃~15℃时,宜在采后 4 h 内实施预冷;当采摘温度在 15℃~30℃时,宜在采后 2 h 内实施预冷;当采摘温度超过 30℃,宜在采后 1 h 内实施预冷。

#### 6.3.2 预冷方法

采用强制通风预冷等预冷方式。

#### 6.3.3 预冷温度

预冷温度设置为 0℃~2℃,待菇体温度降至适宜储藏温度(参见附录 A)方可搬运。

### 6.4 储藏

储藏温度参见附录 A 的规定。

## 7 干菇储藏

### 7.1 干制

采用晒干、热风烘干等方法进行干制。含水量应符合表 2 的要求

### 7.2 除尘

将干制后的菇体进行剪柄、除尘、去除异物。

### 7.3 分级

香菇分级标准按照 NY/T 1061 的规定执行,黑水耳分级标准按照 NY/T 1838 的规定执行,猴头菇分级标准按照 LY/T 2132 的规定执行,其他菇类分级

标准根据客户要求或市场需求执行。

## 7.4 包装

应采用聚乙烯或聚丙烯薄膜包装,或根据客户要求进行包装。干黑木耳包装需留透气孔。

## 7.5 冷藏

干菇适宜储藏温度为 3℃ ～ 5℃。存放时间在 12 个月以下可采用常温储藏。

## 8 库房要求

### 8.1 冷库设计

冷库设计应符合 GB 50072 的规定。

### 8.2 冷库管理

冷库管理应符合 GB/T 30134 的规定。

### 8.3 库房预冷

检查和调试库房制冷系统,食用菌入库前 1 d～2 d 将库温降至 0 ℃～2 ℃,温度应分布均匀。

### 8.4 入库

入库量根据冷库制冷能力或库温变化进行调节。

## 9 储藏管理

### 9.1 码垛

#### 9.1.1 鲜菇码垛

叠筐码垛,垛高不超过 6 层,离冷风机不少于 1.5 m,离库边 0.2 m～0.3 m,垛间距 0.6 m～0.7 m,通道宽 2 m 为宜。

#### 9.1.2 干菇码垛

聚乙烯、聚丙烯薄膜袋储藏"井"字形码垛,瓦楞纸箱储藏层叠码垛,垛高不超过 6 层,离冷风机不少于 0.5 m,垛间距 0.6 m～0.7 m,通道宽 2 m,垛底垫 15 cm 高塑料套板等。垛顶与库顶之间应留 1.0 m 空间层。

#### 9.1.3 储藏要求

储藏期间不能与有毒或有异味物混合储藏。干菇要轻搬轻放,堆垛要留空隙和走道,垛底垫塑料套板等,受潮后要及时进行干燥处理。

## 9.2 检查

9.2.1 鲜菇储藏期间定期检查有无冷害、腐烂等异常情况,出现异常及时处理。

9.2.2 干菇储藏期间定期检查有无受潮、虫蛀等异常情况,出现异常及时处理。

## 10 包装

### 10.1 包装材料要求

10.1.1 内包装材料应符合 GB 4806.7 的要求。

10.1.2 外包装瓦楞纸箱应符合 GB/T 6543 的要求,塑料编织袋应符合 GB/T 8946 的要求、周转筐应符合 GB/T 5737 的要求。

### 10.2 包装其他要求

10.2.1 内外包装均应有合格证,外箱合格证贴在箱外,纸箱上应有防雨、向上以及生产单位名称、地址、电话等标志。

10.2.2 合格证上应包括以下内容:产品名称、产品规格、批号、数量、重量、生产日期、工号、装箱数量、检验员章、产品生产单位名称。

10.2.3 标志应符合 GB/T 191、中华人民共和国农业部令 2006 年第 70 号的要求。

10.2.4 标签应符合 GB 7718 的要求。

10.2.5 具有一定规模的企业生产的产品应推行"二维码"追溯管理。

10.2.6 同一包装袋内的食用菌产品必须是同一等级,不允许混级包装。

## 11 出库

11.1 采用先进先出的原则出库,鲜菇发现冷害、腐烂等异常菇应剔除。轻拿轻放,避免机械损伤。

11.2 干菇在出库时需进行水分等检测后方可出库。检测应符合表 1、表 2 的要求。

## 12 运输

12.1 鲜菇在气温 0℃~15℃时,宜采用普通货车运输,超过 3 d 的长途运输要用冷藏车;低于0℃或高于15℃时宜采用冷藏车运输。冷藏车温度2℃~8℃。

**12.2** 干菇宜采用普通货车运输。

**12.3** 运输工具应清洁、卫生、无污染物、无杂物。冷藏集装箱应符合 GB/T 7392 的规定,铁路冷藏车应符合 GB/T 5600 的规定,冷藏汽车应符合 QC/T 449 的规定;冷藏厢式挂车应符合 JT/T 650 的规定。

**12.4** 不同容器分开装车,不能与有毒或有异味物混装,轻装轻卸、快装快运、防止碰撞和挤压。应有防晒、防热、防冻、防雨淋措施。

**12.5** 运输行车应平稳,减少颠簸和剧烈振荡。码垛稳固。

## 13 试验方法

### 13.1 鲜品抽样

鲜品抽样按 GB/T 8855 的规定执行。

### 13.2 干品抽样

#### 13.2.1 抽样数量

在整批货物中,包装产品以同类货物的小包装袋(盒、箱等)为基数,散装产品以同类货物的质量(kg)或件数为基数,按下列基数进行随机取样:

—— 整批货物 50 件以下,抽样基数为 2 件;

—— 整批货物 50 件~100 件,抽样基数为 4 件;

—— 整批货物 101 件~200 件,抽样基数为 5 件;

—— 整批货物 201 件以上,以 6 件为最低限度,每增加 50 件加 1 件。

小包装质量不足检验所需质量时,适当加大抽样量。

#### 13.2.2 抽样方法

在整批货物的按级别堆垛中,随机抽取所需样品,每次随机抽取样品 1 000 g,其中 500g 作为检样,500 g 作为存样。型式检验应从交收检验合格的产品中抽取。

### 13.3 虫蛀菇、破损菇、霉烂菇检验方法

随机抽取样品 100 g(精确度至 ±0.1 g),分别拣出破碎菇、虫蛀菇、霉烂菇。用酒精度为 0.1 g 的天平称其质量,按式(1)分别计算其占样品的百分率,计算结果精确到小数点后一位。

$$X = \frac{m_1}{m} \times 100 \qquad (1)$$

119

式中：

$X$—— 样品中破碎菇、虫蛀菇、霉烂菇的百分率，单位为百分率（%）；

$m_1$——样品中破碎菇、虫蛀菇、霉烂菇的质量，单位为克（g）；

$m$——样品的质量，单位为克（g）。

## 附录 A

### （资料性附录）

主栽食用菌鲜品在薄膜包装下的适宜储藏温度、预期储藏期见表 A.1。

表 A.1 主栽食用菌鲜品在薄膜包装下的适宜储藏温度、预期储藏期

| 鲜菇类别 | 适宜储藏温度，℃ | 预期储藏期，d |
|---|---|---|
| 双孢蘑菇 | 2～4 | 5～10 |
| 香 菇 | 0～4 | 7～15 |
| 平 菇 | 0～4 | 5～7 |
| 秀珍菇 | 2～4 | 7～10 |
| 茶树菇 | 0～3 | 10～15 |
| 白灵菇 | 0～3 | 15～20 |
| 金针菇 | 0～4 | 8～15 |
| 鸡腿菇 | 0～3 | 5～7 |
| 猴头菇 | 0～3 | 10～14 |
| 杏鲍菇 | 1～4 | 10～30 |

# 附录 6

GB/Z 35041—2018

# 食用菌产业项目运营管理规范

## 1 范围

本指导性技术文件给出了食用菌产业扶贫项目的项目条件、职责分工、项目组织与运行、项目预期成效分析、脱贫周期、项目评价与管理内容,提供了我国食用菌生产主要栽培品种分类与特征(参见附录 A)和兴城市华山街道食用菌产业精准扶贫(脱低)典型案例。(鉴于本书规模,将附录 A 与案例略去)

本指导性技术文件适用于食用菌产业项目运营管理。

## 2 规范性引用文件

下列文件对于本文件的应用是必不可少的。凡是注日期的引用文件,仅注日期的版本适用于本文件。凡是不注日期的引用文件,其最新版本(包括所有的修改单)适用于本文件。

NY/T 749　绿色食品　食用菌

NY/T 2375　食用菌生产技术规范

## 3 项目条件

### 3.1 自然条件

3.1.1　产业发展区域(县、乡镇))具有丰富的农林牧业生物质下脚料资源,如林木枝丫、玉米芯、秸秆、棉籽壳、花生壳、稻草、畜禽粪便等,且来源稳定。

3.1.2　食用菌生产区域需要有充足而无污染的水源供给,地下水或河流均可。

3.1.3 食用菌生产区域空气质量良好,半径 5 km 范围内无粉尘污染源,无化工厂、农药厂等重污染工业;远离繁忙的交通干道和居民聚集区,一般不小于 300 m。

3.1.4 食用菌生产运营,符合 NY/T 2375 和 NY/T 749 的规定。

## 3.2 设施设备条件

3.2.1 食用菌生产区需要配套稳定的电力设施设备,保证生产期间能源供应。

3.2.2 食用菌生产需要温室大棚或冷棚、厂房等设施场所,根据生产品种种类的不同配套供水、通风、加温、冷却、遮阳等设备。

3.2.3 食用菌生产基地应配置粉碎机、拌料机、装袋机、灭菌锅、菌包筐等必需的食用菌生产设备以及接种、补水、采收等工作所必需的小型器具。

## 3.3 人员条件

3.3.1 食用菌生产从业人员要求具有一定的劳动能力、无传染性疾病,根据所需完成的工作不同,部分肢体残疾人员也可以进行装袋、封口、采收、分拣、初级加工等操作。

3.3.2 食用菌生产帮扶对象应对食用菌种植有兴趣和积极性,愿意从事食用菌生产,能主动学习并接受必要的食用菌种植栽培、出菇管理、采收分级等技术培训和指导。

## 3.4 市场条件

3.4.1 食用菌生产出的产品应有无公害农产品或绿色食品或有机食品认证,为产品市场准入打基础。

3.4.2 食用菌产品有市场销售订单或有稳定的市场销售渠道。

## 3.5 其他条件

具备以下条件,将更有利于食用菌产业精准扶贫项目实施:

—— 产业发展区域(县、乡镇)具有一定的食用菌生产传统;

—— 已有或能聘请(培养)到可以长期在发展区域进行实地技术传授的食用菌生产技术骨干;

—— 技术骨干建议至少初中文化程度以上或具备较长时间食用菌生产的实践经验,对当地气候变化情况和生产季管理等经验丰富;

—— 区域内已有或组建引进食用菌产业龙头企业、食用菌专业合作社、食用菌协会等实施主体;

—— 产业发展地区有稳定的食用菌销售市场。

# 4 职责分工

## 4.1 政府主要工作内容

### 4.1.1 调查摸底

4.1.1.1 产业发展区域(县、乡镇)政府或行政部门(以下简称政府)需通过走访已有食用菌种植户、专业合作社或邀请专家等调查当地情况,调查内容包括原料资源种类和数量、食用菌品种、各品种产量与品质、原有种植技术工艺、周边市场需求情况、市场流通情况、生产收入、生产习惯、人员素质,以及食用菌生产大户、专业合作社、企业生产和运营情况。

4.1.1.2 如果区域内没有食用菌生产历史和经历,则需请相关专家论证项目可行性。

### 4.1.2 制定规划

根据调查摸底情况制定县级(如乡、镇级应在县级政府指导下)食用菌产业发展规划,提出产业发展目标、规划产业布局、组织实施方案、保障措施和相关扶持政策。

### 4.1.3 政策资金保障

4.1.3.1 政府加强对帮扶实施主体在生产建设、人员培训、产品加工、销售、品牌建设、质量安全监测等方面依法给予政策保障。

4.1.3.2 政府在制定规划、出台政策的基础上,以技术服务采购、市场补贴、保险补贴等多种方式,对帮扶实施主体(企业、行业组织、合作社、村委会)等给予资金支持。

4.1.3.3 政府通过帮扶实施主体对帮扶对象进行实物补贴和技术服务。并通过划拨专项扶贫资金或低息银行贷款按照食用菌生产需要建设专用大棚、冷棚、厂房等生产场所,按照规划分配给帮扶对象无偿使用。

4.1.3.4 政府通过与保险公司对接,对帮扶对象实行政策性农业保险补贴。

### 4.1.4 制定量化评价和补助机制

4.1.4.1 产业发展区域(县、乡镇)政府应设立专门的食用菌产业扶贫领导小组,协调、督促和检查项目落实和实施情况,督察政府扶持资金的使用情况,表扬先进,批评和惩罚违纪行为等。

4.1.4.2 政府组织对项目结果进行绩效考核评估,落实项目实施主体各项扶持政策。

## 4.2 帮扶实施主体职责

### 4.2.1 制定实施方案

帮扶实施主体通过产业调研、信息收集、市场分析来引领和指导产业发展,在资源配置、市场需求、技术培训、技术交流、生产落实、法律维权等方面发挥桥梁和纽带作用。

针对帮扶对象的实际条件,因地制宜制定可行的帮扶实施方案,方案应包括生产设施设备提供数量、规格,食用菌品种和菌种的选择,菌包生产和供应业务,技术培训对象、内容和时间,服务项目和内容,产品收购、销售计划及合同等。

### 4.2.2 做好项目落地

4.2.2.1 积极做好政府和帮扶对象间的沟通,实现项目落地、资金政策到位,在生产设施建设规划、生产资料设备供给、技术服务、标准化生产、质量控制、产品收购、市场开拓等方面履行主体职责。

4.2.2.2 产前及时组织采购菌包生产原料、菌袋、菌种等项目所需生产资料。

4.2.2.3 产中及时提供菌丝发育、出菇管理、病虫害防治等技术服务,组织帮扶对象开展标准化生产,控制产品质量。

4.2.2.4 产后开展产品收购、市场开发等方面工作,并持续做好食用菌生产技术服务工作。

### 4.2.3 规范扶贫档案

4.2.3.1 对入选的帮扶户填写详细信息,包含家庭情况、收入情况、扶贫原因等。

4.2.3.2 记录帮扶户帮扶场所面积、菌包数量、培训内容及次数等服务环节。

4.2.3.3 记录帮扶户生产产出、回收销售效益、每批次效益、每年效益,是衡量帮扶户产业脱贫和各项服务工作检查、验收的依据。

## 4.3 帮扶对象职责

### 4.3.1 提供适合进行食用菌生产的场地或设施

4.3.1.1 根据不同食用菌品种生产的要求,平整适合建设食用菌生产大棚、冷棚或厂房等场所,在政府或帮扶主体的帮助下建设生产场所;也可以由政府统一进行规划生产场所,由帮扶实施主体投资建设。

4.3.1.2 按照帮扶企业或合作社要求做好生产前准备,在食用菌生产场所内进行卫生清理、杀虫、消毒等准备工作。

### 4.3.2 主动学习按规程操作

4.3.2.1 进一步树立勤劳致富的正确思想观念。

4.3.2.2 积极主动接受帮扶培训和指导,认真学习掌握食用菌育菌、出菇管理、采收分级、分类包装的基本理论和操作技能。

4.3.2.3 主动按规程和时间节点完成食用菌菌包的日常管理及子实体采摘等生产操作。

## 5 项目组织与运行

### 5.1 项目运行模式

食用菌产业精准扶贫项目根据品种的不同,所需原材料不同,与农林牧产业紧密相关,同时涉及集约化菌包制作、生产、加工、销售和技术服务,形成完整的产业链,专业技术性比较强,实践显示"政府 + 帮扶实施主体 + 帮扶对象"模式是十分有效的组织运行方式。其中包含但不限于:

—— 帮扶责任是县级及以上政府、相关职能部门及乡(镇)政府村两委;

—— 帮扶主体是食用菌生产企业、专业合作社等市场组织;

—— 帮扶对象是参加食用菌产业扶贷的精准扶贫户。

### 5.2 项目合同签订

### 5.2.1 帮扶项目协议

政府、帮扶实施主体、帮扶对象等参与扶贫项目实施的各主体,共同签订帮扶项目实施协议,明确帮扶形式、各方的权利义务及分工。合同内容应包含但不限于:

—— 帮扶对象数量;

—— 明确帮扶资金;

—— 必要设施建设;

—— 食用菌品种类型、帮扶数量;

—— 食用菌生产所需到位时间和给付方式及各种财产物资的权利归属;

—— 技术服务的次数、方式、时间范围以及所要达到的目标;

—— 规定产品购销主体、购销价格依据、购销方式等；

—— 确定项目实施过程中的监督考核方式方法、时间点段及考核标准。

### 5.2.2 产品购销合同

帮扶实施主体与对接的帮扶对象就菌包等生产资料的供应以及最终产品的购销事宜,应以合同(协议)的形式达成具备法律效力的书面条款,其具体内容应包括但不限于:

—— 明确技术培训指导及目标、生产方式及病虫害防治等食用菌生产要求；

—— 生产资料设备供应内容、数量、时间、资料产品质量监督检查主体；

—— 产品标准购销价格、交货方式和时间、付款方式、违约追责条件等。

## 5.3 项目运行

### 5.3.1 准备

5.3.1.1 在确定开展食用菌产业精准扶贫工作前,政府应确定本地区的自然资源、气候等条件是否适合发展食用菌生产,并制定产业发展规划,依照产业发展规划确定帮扶对象和帮扶实施主体。

5.3.1.2 政府、帮扶实施主体和帮扶对象应签订目标明确和可行的帮扶合同(协议)、生产资料供应及产品购销(合同)协议。

5.3.1.3 帮扶实施主体应根据帮扶项目内容和自身能力,联合相关科研院所和专业协会共同组建帮扶实施队伍。

5.3.1.4 在生产周期开始前,帮扶实施主体要对帮扶对象进行基础性的食用菌生产技术培训,使帮扶对象对食用菌生产管理技术、预期收益、自身参与能力等具备初步了解。

5.3.1.5 帮扶实施主体应根据不同食用菌品种(如平菇、黑木耳、滑菇、鸡腿菇、双孢菇等)的生长规律在生产季节前组织制作菌包,菌包培养后发放给帮扶对象。

5.3.1.6 帮扶实施主体应严格本着食品安全为主导思想采购食用菌生产原料、设备工具和提供技术培训服务。制作菌包应用的木屑、玉米芯、秸秆、麦麸、稻草、畜禽粪便等农林牧产业生物质原料需要保证清洁无污染、无毒变,菌包制作后进行充分的灭菌处理,所用菌种来源可靠。帮扶实施主体应对其采购和使用的原料、菌种以及制作的菌包质量负责。

### 5.3.2 生产

在整个食用菌生产周期中,帮扶实施主体采取集中授课、入户现场指导、组织考察参观、老带新互助、发放技术资料等多种形式开展培训与指导工作。

食用菌生产过程中,菌包入棚、出菇阶段、伏季管理等时期,进行相应的生产技术及病害防治技术等方面的指导与技术服务。

### 5.3.3 收购

帮扶实施主体应按食用菌国家及行业标准的要求以及购销合同(协议)约定的相关条款,对帮扶对象生产的产品及时进行验收,并按照约定以保护价统一收购。

在收到帮扶对象提出收购要求时,及时完成验收和收购,并现金结清货款,不应拒收延收符合标准的食用菌产品,不应拖欠货款。

### 5.3.4 项目监督

政府应对物资采购、技术服务、产品购销等项目实施过程中的关键环节进行监督,及时发现问题并予以纠正;帮扶实施主体在帮扶对象食用菌生产过程中应随时了解生产情况,监督控制产品质量。

### 5.3.5 项目总结

项目完成一个生产周期应及时总结,根据合同履行各项职责,进行绩效考核和兑现。

## 6 项目预期成效分析

### 6.1 扶贫资金投入

### 6.1.1 帮扶对象人均实物补贴金额

按如下方法计算:

a) 每个帮扶对象每人需要配置的菌包数,按式(1)计算:

$$C = \frac{A}{B} \times (1 + \gamma) \qquad (1)$$

式中:

$C$ —— 每个帮扶对象每人需要配置的菌包数,包/人;

$A$ —— 当地脱贫标准线,元/(人·年);

$B$ —— 每个菌包利润值,元/(包·年)(以政府调查当地传统食用菌生

127

人口群年平均收入计算）；

$\gamma$ —— 帮扶户新生产食用菌易出现效益差异系数20%左右。

b）帮扶对象人口实物补贴金额，按式（2）计算：

$$F = C \times D \times E \qquad (2)$$

式中：

$F$——帮扶对象实物补贴金额，元；

$C$——每个帮扶对象每人需要配置的菌包数，包/人；

$D$—— 每个菌包需要投入资金，元/包；

$E$—— 帮扶对象人口数量，人。

### 6.1.2　技术服务费

6.1.2.1　为帮扶对象提供技术服务所产生的费用，此费用可支付给食用菌生产技术扶持人员、帮扶实施主体等具体实施技术服务人员或组织的费用。

6.1.2.2　技术服务内容包括生产周期开始前进行入门培训，如食用菌生产基础、食用菌生产技术、病虫害防治技术以及关键生产技术为主的集中培训。根据菌包生产、接种、发菌管理、出菇管理、菌丝恢复、越伏管理等不同阶段，采取入户走访、现场指导等方式进行食用菌生产技术实时指导。

### 6.1.3　市场补贴

对签订长期购销协议、采取保护价格收购食用菌产品的帮扶实施主体依据其实际收购量给予的补贴。

### 6.1.4　保险补贴

依据影响食用菌生产的主要要素，如气象条件、自然灾害等与保险公司协商制定保险产品，在帮扶对象购买该产品时，政府按比例分担部分保费。

### 6.2　帮扶对象收益

### 6.2.1　基础收益

基础收益为帮扶对象通过食用菌生产，售卖生产的食用菌产品或相应初加工产品所取得的收益。

注：目前食用菌生产主要包括平菇、滑菇、榆黄蘑、黑木耳、双孢菇、黑皮鸡枞菌、鸡腿菇、香菇等品种，不同品种所取得的收益会存在一定差异。

### 6.2.2　其他收益

其他收益包括帮扶对象为食用菌生产企业、专业合作社或生产大户进行菌包制作、灭菌、接种、育菌、出菇管理、采收分级等阶段的劳务输出。

### 6.3 脱贫周期

帮扶对象脱贫周期约为 1 个生产年。

注：食用菌生产周期正常后，除每年水、电等能源费用外，菌包由帮扶实施主体先提供，回收产品时抵扣菌包款，基础设施等基本不用再投入，帮扶对象只要掌握技术，按规程和时节操作，可持续多年长期获益。

## 7 项目评价与管理

7.1 按照所签订的帮扶项目实施协议，对项目实施效果进行评价，主要评价内容包括帮扶责任、分工落实情况，帮扶户收益等。

7.2 项目由当地政府负责监督检查和验收，根据项目实施进度和完成情况，进行阶段性考核，并按合同规定拨付相应扶持资金。考核可采用现场检查、专家评审、帮扶户走访等方式。

# 附录　7

## 我国各省、自治区、直辖市部分食用菌标准目录

### 一、北京市

1. DB11/T 250—2004　杏鲍菇
2. DB11/T 252—2004　无公害蔬菜平菇生产技术规程
3. DB11/T 251—2004　无公害蔬菜白灵菇和杏鲍菇生产技术规程
4. DB11/T 249—2004　白灵菇

### 二、天津市

1. DB12/T 519—2014　食用菌菌糠处理技术规范
2. DB12/T 520—2014　猴头菇工厂化栽培技术规程

### 三、河北省

1. DB13/T 958—2008　金针菇菌种
2. DB13/T 1148—2009　无公害地栽香菇生产技术规程
3. DB13/T 1046—2009　肉蘑
4. DB13/T 1047—2009　榛蘑
5. DB13/T 1048—2009　无公害全日光露地黑木耳生产技术规程
6. DB13/T 1087—2009　北方无公害双孢菇规模化生产技术规程
7. DB13/T 1245—2010　无公害灵芝生产技术规程
8. DB13/T 2277—2015　食用菌栽培原料质量要求
9. DB13/T 2576—2017　食用菌自动装袋机通用技术要求
10. DB13/T 2846—2018　地理标志产品 迁西栗蘑

## 四、山西省

1. DB14/T 555—2010　无公害食品 香菇生产技术规程

2. DB14/T 556—2010　无公害食品 双孢蘑菇生产技术规程

3. DB14/T 612—2011　无公害平菇生产技术规程

4. DB14/T 613—2011　无公害金针菇袋式生产技术规程

5. DB14/T 684—2012　无公害草菇生产技术规程

6. DB14/T 685—2012　无公害滑菇袋式生产技术规程

7. DB14/T 949—2014　袋栽杏鲍菇工厂化生产技术规程

8. DB14/T 950—2014　袋栽白色金针菇工厂化生产技术规程

9. DB14/T 951—2014　杏鲍菇物流技术规程

10. DB14/T 952—2014　白色金针菇物流技术规程

11. DB14/T 1143—2015　袋栽海鲜菇工厂化生产技术规程

12. DB14/T 1139—2015　袋栽绣球菌工厂化生产技术规程

13. DB14/T 1274—2016　双孢菇保温棚工厂化生产技术规程

14. DB14/T 1375—2017　双孢蘑菇菌种生产技术规程

## 五、内蒙古自治区

1. DB15/T 936—2015　日光温室双孢菇栽培技术规程

2. DB15/T 1056—2016　香菇菌种制作技术规程

3. DB15/T 1057—2016　香菇高效栽培技术规程

4. DB15/T 1058—2016　平菇菌种制作技术规程

5. DB15/T 1059—2016　平菇高效栽培技术规程

6. DB15/T 1132—2017　猴头菇菌种制作技术规程

7. DB15/T 1133—2017　猴头菇高效栽培技术规程

8. DB15/T 1134—2017　玉皇菇菌种制作技术规程

9. DB15/T 1135—2017　玉皇菇高效栽培技术规程

## 六、辽宁省

1. DB2103/T 002—2006　北方毛木耳生产技术规程

附录 7

131

2. DB2103/T 004—2006　无公害农产品滑菇栽培技术规程

3. DB21/T 1541—2007　农产品质量安全　北冬虫夏草代料瓶栽培技术

4. DB21/T 1674—2008　农产品质量安全　白灵菇袋式栽培技术规程

5. DB21/T 1677—2008　农产品质量安全　真姬菇袋式栽培技术规程

6. DB21/T 1811—2010　农产品质量安全　双孢菇栽培技术规程

7. DB21/T 1812—2010　农产品质量安全　平菇袋式栽培技术规程

8. DB21/T 2063—2013　无公害农产品　滑菇栽培技术规程

9. DB21/T 2085—2013　北方冷棚沙培地栽香菇生产技术规程

10. DB21/T 2194—2013　香菇半熟料网棚压块地栽技术规程

11. DB21/T 2261—2014　茶树菇栽培技术规程

12. DB21/T 2349—2015　猴头菇栽培技术规程

13. DB21/T 2489—2015　香菇冷藏保鲜技术规程

14. DB21/T 2608—2016　大球盖菇栽培技术规程

15. DB21/T 2610—2016　香菇三位一组无支架栽培技术规程

16. DB21/T 2633—2016　滑菇熟料袋式栽培技术规程

17. DB21/T 2719—2016　林下香菇栽培技术规程

18. DB21/T 2721—2016　林下猴头菇栽培技术规程

19. DB21/T 1432—2017　香菇熟料袋式栽培技术规程

20. DB21/T 2801—2017　鸡腿菇发酵料袋式栽培技术规程

21. DB21/T 2891—2017　香菇栽培种工厂化生产技术规程

22. DB21/T 2892—2017　液固扩繁香菇栽培种

## 七、吉林省

1. DB22/T 1140—2009　无公害农产品　滑菇代料栽培生产技术规程

2. DB22/T 1141—2009　无公害农产品　香菇代料栽培生产技术规程

3. DB22/T 1665—2012　无公害食品　金针菇袋栽生产技术规程

4. DB22/T 1896—2013　北虫草工厂化生产技术规程

5. DB22/T 2125—2014　无公害农产品　白灵菇工厂化生产技术规程

6. DB22/T 2346—2015　无公害农产品　白灵菇袋式生产技术规程

7. DB22/T 2274—2015　金针菇中多糖的测定　苯酚－硫酸法

8. DB22/T 2806—2017　双孢菇露地生产技术规程

9. DB22/T 2859—2018　地理标志产品　卧龙白蘑

## 八、黑龙江省

1. DB23/T 163—2001　黑木耳菌种厂建设及黑木耳菌种生产技术规范

2. DB23/T 164—2001　木段栽培黑木耳技术规范

3. DB23/T 1109—2007　有机食品　食用菌生产通用要求

4. DB23/T 1181—2007　杏鲍菇栽培技术规程

5. DB23/T 1200—2007　有机食品黑木耳生产技术规程

6. DB23/T 1237—2008　无公害食品　榆黄蘑生产技术规程

7. DB23/T 1238—2008　黑木耳菌株酯酶同工酶标记鉴定技术规程

8. DB23/T 1372—2010　金针菇工厂化栽培技术规程

9. DB23/T 1373—2010　无公害平菇发酵料生产技术规程

10. DB23/T 1521—2013　北方鸡腿菇栽培技术规程

11. DB23/T 1520—2013　双孢蘑菇菌种生产技术规程

12. DB23/T 1522—2013　双孢蘑菇栽培技术规程

13. DB23/T 1523—2013　榆黄蘑仿野生化栽培技术规程

14. DB23/T 1630—2015　人工林下平菇栽培技术规程

15. DB23/T 1666—2015　北虫草生产技术规程

16. DB23/T 1667—2015　北方大球盖菇生产技术规程

17. DB23/T 1668—2015　北方大球盖菇菌种生产技术规程

18. DB23/T 1669—2015　猴头菇挂袋栽培生产技术规程

19. DB23/T 729—2016　绿色食品　平菇生产技术操作规程

20. DB23/T 731—2016　绿色食品　猴头菇生产技术操作规程

21. DB23/T 1109—2016　有机食品　食用菌生产通用要求

22. DB23/T 1703—2016　黑木耳菌渣栽培鸡腿菇生产技术规程

23. DB23/T 1704—2016　黑木耳菌渣栽培平菇生产技术规程

24. DB23/T 1718—2016　水稻育秧大棚袋栽香菇生产技术规程

25. DB23/T 1774—2016　大球盖菇林地生产技术规程

26. DB23/T 1775—2016　大球盖菇水稻育秧棚生产技术规程

27. DB23/T 1776—2016　大球盖菇玉米地间作生产技术规程

28. DB23/T 1954—2017　血红铆钉菇菌种及菌群扩繁技术规程

29. DB23/T 1985—2017　无公害香菇棚室栽培技术规程

## 九、上海市

1. DB31/T 242—2000　食用菌菌种双孢蘑菇

2. DB31/T 259.1—2001　安全卫生优质实用菌生技术操作规程

3. DB31/T 259.2—2001　安全卫生优质实用菌

4. DB31/T 350—2005　蟹味菇工厂化生产技术操作规范

5. DB31/T 878—2015　设施草菇生产技术规范

## 十、江苏省

1. DB32/T 682—2004　绿色食品 杏鲍菇

2. DB32/T 722—2004　无公害草菇室内栽培技术规程

3. DB32/T 858—2005　双孢蘑菇菌种生产技术规程

4. DB32/T 859—2005　金针菇栽培技术规程

5. DB32/T 860—2005　金针菇工厂化生产技术规程

6. DB32/T 797—2005　双孢蘑菇生产技术规程

7. DB32/T 798—2005　灵芝生产技术规程

8. DB32/T 935—2006　蘑菇中菊酯类农药多组分残留量测定　气相色谱法

9. DB3201/T 109—2007　秀珍菇生产技术规程

10. DB32/T 1201—2008　鸡腿菇栽培技术规程

11. DB32/T 1202—2008　姬菇(糙皮侧耳)栽培技术规程

12. DB32/T 1203—2008　秀珍菇(黄白侧耳)栽培技术规程

13. DB32/T 1240—2008　金针菇

14. DB32/T 1241—2008　高温蘑菇栽培技术规程

15. DB32/T 1312—2008　蛹虫草试管菌种

16. DB32/T 1313—2008　破壁灵芝孢子粉胶囊生产管理规程

17. DB32/T 1275—2008　蛹虫草中虫草素含量的测定　高效液相色谱法

18. DB32/T 1233—2008　辐照干香菇卫生标准

19. DB32/T 603—2009　杏鲍菇

20. DB32/T 1374—2009　秀珍菇（黄白侧耳）菌种生产技术规程

21. DB32/T 1659—2010　杏鲍菇菌种生产技术规程

22. DB32/T 1660—2010　杏鲍菇工厂化生产技术规程

23. DB32/T 1863—2011　金针菇保鲜技术规范

24. DB32/T 1864—2011　灵芝袋料栽培技术规程

25. DB32/T 1901—2011　大棚香菇生产技术规程

26. DB32/T 2199—2012　食用菌清洁化生产技术规程

27. DB32/T 2200—2012　杏鲍菇全程工厂式生产技术规程

28. DB32/T 2201—2012　瓶栽金针菇工厂化生产技术规程

29. DB32/T 2278—2012　食用菌类辐照保鲜技术规范

30. DB32/T 2407—2013　真姬菇工厂化生产技术规程

31. DB32/T 2465—2013　桑枝屑、蚕沙生产杏鲍菇技术规程

32. DB32/T 2640—2014　茶薪菇生产技术规程

33. DB32/T 2819—2015　巴西蘑菇工厂化生产技术规程

34. DB32/T 2831—2015　白灵菇工厂化生产技术规程

35. DB32/T 2836—2015　双孢蘑菇工厂化生产技术规程

36. DB32/T 2993—2016　杏鲍菇、香菇、平菇和双孢菇保鲜技术规程

37. DB32/T 3287—2017　菜－瓜－菇立体种植技术规程

38. DB32/T 3370—2018　双孢蘑菇栽培基质隧道发酵技术规程

39. DB32/T 3440—2018　袋栽海鲜菇 1 号工厂化生产技术规程

## 十一、浙江省

1. DB33/T 384.2—2002　无公害猴头菇　第 2 部分:栽培技术操作规范

2. DB33/T 400.2—2003　无公害食品　竹荪　第 2 部分:栽培技术

3. DB33/T 400.3—2003　无公害食品　竹荪　第 3 部分:采收、加工

4. DB33/T 400.1—2003　无公害食品　竹荪　第 1 部分:菌种

5. DB33/T 447.2—2003　无公害双孢蘑菇 第 2 部分:生产技术

6. DB33/T 476.1—2004　无公害高温蘑菇 第 1 部分:菌种

附录 7

7. DB33/T 476.2—2004 无公害高温蘑菇 第2部分:生产技术

8. DB33/T 510—2004 出口灵芝检验规程

9. DB33/T 636.1—2007 无公害杏鲍菇 第1部分:产地环境

10. DB33/T 636.2—2007 无公害杏鲍菇 第2部分:菌种

11. DB33/T 636.3—2007 无公害杏鲍菇 第3部分:原辅材料

12. DB33/T 636.4—2007 无公害杏鲍菇 第4部分:栽培技术规程

13. DB33/T 676—2008 香菇安全生产技术规范

14. DB33/T 748.3—2009 北冬虫夏草栽培技术规程 第3部分:质量安全要求

15. DB33/T 748.2—2009 北冬虫夏草栽培技术规程 第2部分:栽培技术规程

16. DB33/T 748.1—2009 北冬虫夏草栽培技术规程 第1部分:菌种

17. DB33/T 811—2010 花菇栽培技术规程

18. DB33/T 526—2012 秀珍菇生产技术规程

19. DB33/T 929—2014 食用菌菌种场建设规范

## 十二、安徽省

1. DB34/T 860—2008 无公害食品草菇生产技术规程

2. DB34/T 930—2009 金福菇栽培技术规程

3. DB34/T 1275—2010 双孢蘑菇生产菇房(棚)建设规范

4. DB34/T 1276—2010 双孢蘑菇生产加工废弃物综合利用规程

5. DB34/T 1277—2010 双孢蘑菇采收、分级和盐渍技术规程

6. DB34/T 1214—2010 无公害平菇生产技术规程

7. DB34/T 1215—2010 无公害秀珍菇生产技术规程

8. DB34/T 1507—2011 无公害鸡腿菇生产技术规程

9. DB34/T 1704—2012 无公害杏鲍菇工厂化生产技术规程

10. DB34/T 1665—2012 无公害食品 海鲜菇生产技术规程

11. DB34/T 1979—2013 茶树菇生产技术规程

12. DB34/T 1980—2013 猴头菇生产技术规程

13. DB34/T 2360—2015 安徽省反季节香菇覆土栽培技术规程

14. DB34/T 2416—2015　山核桃蒲壳香菇生产技术规程

15. DB34/T 2967—2017　滑子菇生产技术规程

16. DB34/T 2968—2017　蟹味菇生产技术规程

## 十三、福建省

1. DB35/T 69—1996　香菇

2. DB35/T 137.1—2001　古田银耳标准综合体　体系表

3. DB35/T 137.2—2001　古田银耳菌种

4. DB35/T 137.3—2001　古田银耳代料棉籽壳

5. DB35/T 137.4—2001　古田银耳栽培辅料

6. DB35/T 137.5—2001　古田银耳菌种制作规程

7. DB35/T 137.6—2001　古田银耳栽培技术规范

8. DB35/T 137.7—2001　古田银耳加工工艺规程

9. DB35/T 143.1—2001　福鼎白色双孢蘑菇标准综合体 体系表

10. DB35/T 143.2—2001　福鼎白色双孢蘑菇栽培种

11. DB35/T 143.3—2001　福鼎白色双孢蘑菇栽培技术规范

12. DB35/T 143.4—2001　福鼎白色双孢蘑菇鲜菇收购

13. DB35/T 143.5—2001　福鼎白色双孢蘑菇

14. DB35/T 144—2001　屏南紫灵芝

15. DB35/T 153—2001　屏南夏香菇

16. DB35/T 155—2001　仙游姬松茸

17. DB35/T 163.1—2002　浦城原木赤灵芝标准综合体　体系表

18. DB35/T 163.2—2002　浦城原木赤灵芝标准综合体　菌种

19. DB35/T 163.3—2002　浦城原木赤灵芝标准综合体　栽培技术规范

20. DB35/T 163.4—2002　浦城原木赤灵芝标准综合体　采收技术规范

21. DB35/T 163.5—2002　浦城原木赤灵芝标准综合体　浦城原木赤灵芝

22. DB35/T 504—2003　杏鲍菇

23. DB35/T 505—2003　鸡腿菇

24. DB35/T 522.1—2003　茶树菇标准综合体体系表

25. DB35/T 522.2—2003　茶树菇菌种

附录 7

26. DB35/T 522.3—2003    茶树菇菌种制作技术规范

27. DB35/T 522.4—2003    茶树菇栽培技术规范

28. DB35/T 522.5—2003    茶树菇

29. DB35/T 523.1—2003    金针菇标准综合体体系表

30. DB35/T 523.2—2003    金针菇菌种

31. DB35/T 523.3—2003    金针菇菌种制作技术规范

32. DB35/T 523.4—2003    金针菇栽培技术规范

33. DB35/T 523.5—2003    鲜金针菇

34. DB35/T 587—2004    白灵菇　菌种

35. DB35/T 588—2004    白灵菇　栽培技术规范

36. DB35/T 589—2004    大杯覃　菌种

37. DB35/T 590—2004    大杯覃　栽培技术规范

38. DB35/T 591—2004    大杯覃

39. DB35/T 574—2004    真姬菇

40. DB35/T 551—2004    食用菌质量安全要求

41. DB35/T 552—2004    无公害食用菌栽培技术规范

42. DB35/T 553—2004    巨大口蘑　菌种

43. DB35/T 554—2004    巨大口蘑　栽培技术规范

44. DB35/T 555—2004    巨大口蘑

45. DB35/T 556—2004    真姬菇　菌种

46. DB35/T 557—2004    真姬菇　栽培技术规范

47. DB35/T 596—2005    杏鲍菇　菌种

48. DB35/T 597—2005    杏鲍菇　栽培技术规范

49. DB35/T 649—2005    秀珍菇

50. DB35/T 658—2006    毛木耳　菌种

51. DB35/T 659—2006    毛木耳　栽培技术规范

52. DB35/T 788—2007    猴头菇　菌种

53. DB35/T 789—2007    猴头菇栽培技术规范

54. DB35/T 790—2007    猴头菇

55. DB35/T 847—2008    糖水银耳罐头

56. DB35/T 1020—2010　食用菌种质资源保藏管理规程

57. DB35/T 1021—2010　食用菌品种鉴别技术规范 – DNA 指纹法

58. DB35/T 1022—2010　食用菌菌种纯度检测方法

59. DB35/T 1023—2010　食用菌菌种矿油保藏技术规范

60. DB35/T 1024—2010　食用菌菌种资源描述规范

61. DB35/T 1025—2010　食用菌菌种评价技术规范

62. DB35/T 1026—2010　野生食用菌菌种分离与鉴定技术规范

63. DB35/T 1027—2010　花菇

64. DB35/T 1028—2010　寿宁花菇　栽培技术规范

65. DB35/T 1029—2010　寿宁花菇　保鲜技术规范

66. DB35/T 1030—2010　寿宁花菇　烘干技术规范

67. DB35/T 1031—2010　寿宁花菇　冷冻干燥技术规范

68. DB35/T 1096—2011　地理标志产品　古田银耳

69. DB35/T 1159—2011　木薯杆(渣)栽培食用菌技术规程

70. DB35/T 1200—2011　木生食用菌安全生产技术规范

71. DB35/T 1201—2011　草生食用菌安全生产技术规范

72. DB35/T 1217—2011　巴西蘑菇菌种生产技术规范

73. DB35/T 1233—2011　食用菌菌种活力检测技术规范

74. DB35/T 1268—2012　竹荪栽培技术规范

75. DB35/T 1312—2013　食用菌栽培原料用棉籽壳

76. DB35/T 1385—2013　幼龄茶园套种大球盖菇生产技术规范

78. DB35/T 557—2014　真姬菇工厂化栽培技术规范

77. DB35/T 1705—2017　秀珍菇设施栽培技术规范

## 十四、江西省

1. DB36/T 790—2014　茶树菇栽培技术规程

2. DB36/T 819—2015　茶树菇

3. DB36/T 820—2015　茶树菇菌种

4. DB36/T 823—2015　金针菇生产技术规程

5. DB36/T 824—2015　秀珍菇生产技术规程

6. DB36/T 907—2016　金福菇栽培技术规程

7. DB36/T 908—2016　平菇栽培技术规程

8. DB36/T 975—2017　虎奶菇

## 十五、山东省

1. DB3703/T 038—2005　无公害金针菇工厂化生产技术规程

2. DB3703/T 037—2005　无公害姬菇工厂化生产技术规程

3. DB3703/T 032—2005　无公害香菇生产技术规程

4. DB3703/T 028—2005　无公害山洞双孢菇生产技术规程

5. DB3703/T 026—2005　无公害平菇生产技术规程

6. DB3703/T 017—2005　无公害花菇生产技术规程

7. DB3701/T 87—2007　无公害食品　鸡腿菇生产技术规程

8. DB37/T 1044—2008　花生茎蔓栽培平菇安全优质生产技术规程

9. DB37/T 1045—2008　花生茎蔓栽培金针菇安全优质生产技术规程

10. DB37/T 1046—2008　花生茎蔓栽培杏鲍菇安全优质生产技术规程

11. DB37/T 1047—2008　花生茎蔓栽培双孢蘑菇安全优质生产技术规程

12. DB37/T 1048—2008　花生茎蔓栽培鸡腿菇安全优质生产技术规程

13. DB37/T 1051—2008　良好农业规范　出口双孢菇操作指南

14. DB37/T 1074—2008　良好农业规范　出口平菇操作指南

15. DB37/T 1282—2009　秸秆栽培鸡腿菇安全优质生产技术规程

16. DB37/T 1283—2009　秸秆栽培金针菇安全优质生产技术规程

17. DB37/T 1284—2009　秸秆栽培平菇安全优质生产技术规程

18. DB37/T 1285—2009　秸秆栽培双孢蘑菇安全优质生产技术规程

19. DB37/T 1293—2009　平菇 GAP 生产技术规程

20. DB37/T 1300—2009　食用菌中六六六、滴滴涕残留量的测定

21. DB37/T 1306—2009　无公害食品　白灵菇生产技术规程

22. DB37/T 1307—2009　无公害食品　双孢蘑菇生产技术规程

23. DB37/T 1308—2009　无公害食品　杏鲍菇生产技术规程

24. DB37/T 1309—2009　香菇 GAP 生产技术规程

25. DB37/T 1337—2009　无公害食品　平菇生产技术规程

26. DB37/T 1339—2009　无公害食品　鸡腿菇生产技术规程

27. DB37/T 1404—2009　无公害食品　真姬菇工厂化生产技术规程

28. DB37/T 1419—2009　绿色食品　花菇生产技术规程

29. DB37/T 1524—2010　秸秆栽培平菇病害综合防控技术规范

30. DB37/T 1525—2010　秸秆栽培双孢蘑菇病害综合防控技术规范

31. DB37/T 1526—2010　秸秆栽培鸡腿菇病害综合防控技术规范

32. DB37/T 1528—2010　良好农业规范　人工土洞鸡腿菇生产技术规程

33. DB37/T 1529—2010　秸秆栽培鲍鱼菇安全优质生产技术规程

34. DB37/T 1530—2010　秸秆栽培草菇安全优质生产技术规程

35. DB37/T 1531—2010　秸秆栽培大球盖菇安全优质生产技术规程

36. DB37/T 1533—2010　食用菌生产投入品质量安全技术要求

37. DB37/T 1534—2010　无公害食品　茶树菇生产技术规程

38. DB37/T 1536—2010　无公害食品　金针菇生产技术规程

39. DB37/T 1537—2010　无公害食品　香菇生产技术规程

40. DB37/T 1538—2010　无公害食品　秀珍菇生产技术规程

41. DB37/T 1539—2010　绿色食品　真姬菇生产技术规程

42. DB37/T 1650—2010　绿色食品　山东夏季香菇生产技术规程

43. DB37/T 1651—2010　绿色食品　山东高温平菇生产技术规程

44. DB37/T 1652—2010　食用菌生产投入品使用准则

45. DB37/T 1653—2010　袋(瓶)栽食用菌通用测产方法

46. DB37/T 1654—2010　床栽食用菌通用测产方法

47. DB37/T 1655—2010　有机食品　金针菇工厂化生产技术规程

48. DB37/T 1656—2010　有机食品　真姬菇工厂化生产技术规程

49. DB37/T 1657—2010　有机食品　褐色蘑菇工厂化生产技术规程

50. DB37/T 1658—2010　无公害食品　灰树花生产技术规程

51. DB37/T 1659—2010　无公害食品　鲍鱼菇生产技术规程

52. DB37/T 1660—2010　无公害食品　大球盖菇生产技术规程

53. DB37/T 1661—2010　良好农业规范　林地双孢蘑菇生产技术规程

54. DB37/T 1661—2010　良好农业规范　林地双孢蘑菇生产技术规程

55. DB37/T 1662—2010　良好农业规范　林地黑木耳生产技术规程

附录 7

141

56. DB37/T 1663—2010　良好农业规范　林地毛木耳生产技术规程

57. DB37/T 1740—2010　香菇菌种良好作业规范

58. DB37/T 1743—2010　无公害食品　草菇生产技术规程

59. DB37/T 1744—2010　绿色食品　香菇生产技术规程

60. DB37/T 1837—2011　杀菌剂防治平菇褐斑病田间药效试验准则

61. DB37/T 1838—2011　杀菌剂防治平菇细菌性褐腐病田间药效试验准则

62. DB37/T 2149—2012　绿色食品　白玉菇工厂化生产技术规程

63. DB37/T 2150—2012　绿色食品　双孢蘑菇工厂化生产技术规程

64. DB37/T 2152—2012　绿色食品　杏鲍菇工厂化生产技术规程

65. DB37/T 2233—2012　良好农业规范　富硒鲍鱼菇生产技术规程

66. DB37/T 2242—2012　平菇菌种良好作业规范

67. DB37/T 2245—2012　杀菌剂防治鸡腿菇黑斑病田间药效试验准则

68. DB37/T 2255—2012　有机食品　杏鲍菇工厂化生产技术规程

69. DB37/T 2327—2013　双孢菇周年化生产菇棚建设要求及栽培技术规程

70. DB37/T 2594—2014　良好农业规范　出口金针菇操作指南

71. DB37/T 2797—2016　金针菇工厂化袋栽生产技术规程

72. DB37/T 2897—2016　滑菇反季节生产技术规程

73. DB37/T 3006—2017　金针菇菌渣蔬菜(茄果类·番茄)集约化育苗技术规程

74. DB37/T 3007—2017　金针菇菌渣蔬菜(茄果类·辣椒)集约化育苗技术规程

75. DB37/T 3008—2017　金针菇菌渣蔬菜(茄果类·茄子)集约化嫁接育苗技术规程

76. DB37/T 3074—2017　良好农业规范　出口杏鲍菇操作指南

### 十六、河南省

1. DB4107/T 118—2006　无公害食品　香菇生产技术规程

2. DB4107/T 119—2012　无公害食品　双孢蘑菇生产技术规程

3. DB41/T 652—2010　杏鲍菇生产技术规程

4. DB41/T 701—2011　褐蘑菇工厂化生产技术规范

5. DB4107/T 117—2006　无公害食品　平菇生产技术规程

6. DB41/T 774—2012　食用菌质量安全监督抽查检验规范

7. DB41/T 824—2013　地理标志产品　西峡香菇

8. DB41/T 858—2013　金针菇工厂化袋栽工艺生产技术规程

9. DB41/T 948—2014　白灵菇工厂化生产技术规范

10. DB41/T 994—2014　夏香菇林下生产技术规程

11. DB41/T 996—2014　鲍鱼菇生产技术规程

12. DB41/T 1148—2015　巴氏蘑菇生产技术规程

13. DB41/T 1153—2015　秀珍菇生产技术规程

14. DB41/T 1186—2015　平菇熟料栽培技术规程

15. DB41/T 1211—2016　平菇发酵料栽培技术规程

16. DB41/T 1307—2016　草菇室内床栽生产技术规程

17. DB41/T 1332—2016　猴头菇栽培技术规程

18. DB41/T 1386—2017　高温香菇地栽生产技术规程

19. DB41/T 1571—2018　代料香菇菌棒工厂化生产技术规程

20. DB41/T 1614—2018　单孢杂平菇品种选育技术规程

21. DB41/T 1615—2018　食用菌菌丝纤维素酶、木聚糖酶、漆酶、蛋白酶活力检测技术规程

22. DB41/T 1701—2018　鸡腿菇栽培技术规程

## 十七、湖北省

1. DB42/T 191—2006　绿色食品　黑木耳段木栽培生产技术规程

2. DB42/T 192—2006　绿色食品　香菇袋料栽培生产技术规程

3. DB42/T 394—2006　有机食品　武当香菇

4. DB42/T 393—2006　有机食品　武当黑木耳

5. DB42/T 418—2007　无公害食品　双孢蘑菇地棚式生产技术规程

6. DB42/T 517—2008　无公害食品　香菇袋栽生产技术规程

7. DB42/T 598—2010　地理标志产品　房县黑木耳

8. DB42/T 671—2010　食用菌菌种质量鉴定技术规程

9. DB42/T 672—2010　双孢蘑菇菌种提纯复壮技术规程

10. DB42/T 673—2010　双孢蘑菇采收与盐渍技术规程

11. DB42/T 674—2010　无公害食品　黑木耳袋栽生产技术规程

12. DB42/T 1122—2015　绿色食品　杏鲍菇生产技术规程

### 十八、湖南省

1. DB43/T 1111—2015　富硒蘑菇生产技术规程

2. DB43/T 1112—2015　富硒草菇生产技术规程

3. DB43/T 1113—2015　富硒香菇生产技术规程

4. DB43/T 1259—2017　菌糠栽培草菇技术规程

5. DB43/T 1260—2017　菌糠栽培双孢蘑菇技术规程

6. DB43/T 1261—2017　滑子菇轻简化栽培技术规程

### 十九、广东省

1. DB44/T 462—2008　金针菇

2. DB44/T 596—2009　蛹虫草人工栽培技术规程

3. DB44/T 868—2011　灵芝(赤芝)菌种

### 二十、广西省

1. DB45/T 425—2007　金福菇生产技术规程

2. DB45/T 426—2007　鸡腿菇生产技术规程

3. DB45/T 503—2008　食用菌主要病虫害综合防治技术规程

4. DB45/T 558—2008　双孢蘑菇棚架式生产技术条件

5. DB45/T 1232—2015　荔枝龙眼果园套种姬菇轻简化栽培技术规程

6. DB45/T 1332—2016　蔗叶蔗渣栽培双孢菇工厂化生产技术规程

7. DB45/T 1333—2016　蔗叶蔗渣栽培巴西菇工厂生产技术规程

8. DB45/T 1504—2017　草菇设施化周年栽培技术规程

9. DB45/T 1565—2017　反季节香菇栽培技术规程

10. DB45/T 1758—2018　金福菇栽培技术规程

11. DB45/T 1760—2018    草菇菌种保藏技术规范

12. DB45/T 1762—2018    桉树加工剩余物栽培秀珍菇技术规程

## 二十一、四川省

1. DB51/T 718—2007    干香菇等级规格

2. DB51/T 772—2008    鲍龟菇生产技术规程

3. DB51/T 814—2008    鲜姬菇等级

4. DB51/T 895—2009    茶树菇生产技术规程

5. DB51/T 906—2009    黄伞生产技术规程

6. DB51/T 907—2009    食用菌中荧光增白剂检验规程

7. DB510400/T 039—2015    金针菇生产技术规程

8. DB510400/T 040—2015    平菇生产技术规程

9. DB51/T 1028—2010    长根菇生产技术规程

10. DB51/T 1066—2010    大球盖菇生产技术规程

11. DB51/T 1204—2011    鲜蘑菇产品等级

12. DB51/T 1208—2011    鲜香菇产品等级

13. DB51/T 1214—2011    猴头菇生产技术规程

14. DB51/T 1369—2011    姬菇菌种生产技术规程

15. DB51/T 1401—2011    金福菇生产技术规程

16. DB51/T 1521—2012    金针菇菌种生产技术规程

17. DB51/T 1532—2012    金针菇菌种

18. DB51/T 1659—2013    鸡腿菇菌种生产技术规程

19. DB51/T 1660—2013    鸡腿菇菌种

20. DB51/T 1661—2013    鲜杏鲍菇等级规程

21. DB51/T 459—2014    香菇生产技术规程

## 二十二、贵州省

1. DB52/T 560—2009    无公害食品 杏鲍菇生产技术规程

2. DB52/T 582—2009    无公害食品 香菇生产技术规程

## 二十三、云南省

1. DB53/T 661—2014　茶树菇菌种

2. DB53/T 732—2015　金针菇生产技术规程

3. DB53/T 845—2017　平菇栽培技术规程

## 二十四、西藏自治区

1. DB54/T 0078—2014　无公害农产品　平菇生产技术规程

2. DB54/T 0079—2014　无公害农产品　香菇生产技术规程

## 二十五、陕西省

1. DB61/T 1195—2018　香菇

2. DB61/T 596—2013　杏鲍菇

3. DB61/T 597—2013　白灵菇

4. DB61/T 598—2013　滑菇

## 二十六、甘肃省

1. DB62/T 1682—2007　康县黑木耳

2. DB62/T 1683—2007　绿色食品　康县黑木耳段木栽培技术规程

3. DB62/T 1684—2007　绿色食品　康县黑木耳菌种生产技术规程

4. DB62/T 1690—2008　陇南花菇

5. DB62/T 1736—2008　绿色食品　天祝县双孢菇栽培技术规程

6. DB62/T 1804—2009　绿色食品　白银市平菇生产技术规程

7. DB62/T 1886—2009　无公害双孢蘑菇栽培技术规程

8. DB62/T 1992—2010　绿色食品　金昌双孢菇生产技术规程

9. DB62/T 2090—2011　绿色食品　武威市日光温室平菇生产技术规程

10. DB62/T 2274—2012　绿色农业小麦－菇－肥－葡萄大田设施配套循环型技术规范

11. DB62/T 2592—2015　临夏州川塬灌区地膜玉米套种甘蓝、平菇栽培技术规程

## 二十七、青海省

1. DB63/T 670—2007　冬虫夏草

2. DB63/T 680—2007　黄蘑菇

3. DB63/T 668—2007　实验室冬虫夏草寄主幼虫的人工饲养技术规程

4. DB63/T 669—2007　实验室冬虫夏草子囊孢子采集、净化、保存技术规程

5. DB63/T 699—2008　双孢蘑菇菌种生产技术规范

6. DB63/T 701—2008　冬虫夏草采挖技术规程

7. DB63/T 874—2010　金针菇栽培技术规范

8. DB63/T 875—2010　鸡腿菇生产技术规范

9. DB63/T 876—2010　白灵菇生产技术规范

10. DB63/T 1119—2012　绿色食品 食用菌双孢菇生产技术规程

11. DB63/T 1120—2012　绿色食品 鸡腿蘑菇生产技术规程

## 二十八、新疆维吾尔自治区

1. DB65/T 598—2001　阿魏菇收购标准

2. DB65/T 2926—2009　无公害食品 阿魏菇标准体系总则

3. DB65/T 2927—2009　无公害食品 阿魏菇原生态产地环境

4. DB65/T 2928—2009　无公害食品 阿魏菇生产基地环境要求

5. DB65/T 2929—2009　无公害食品 阿魏菇栽培设施技术规程

6. DB65/T 2930—2009　无公害食品 阿魏菇场地消毒投入品要求

7. DB65/T 2931—2009　无公害食品 阿魏菇培养基投入品要求

8. DB65/T 2932—2009　无公害食品 阿魏菇出菇环节投入品要求

9. DB65/T 2933—2009　无公害食品 阿魏菇野生菌种采集技术规程

10. DB65/T 2934—2009　无公害食品 阿魏菇菌种生产技术规程

11. DB65/T 2935—2009　无公害食品 阿魏菇出菇袋生产技术规程

12. DB65/T 2936—2009　无公害食品 阿魏菇出菇生产技术规程

13. DB65/T 2937—2009　无公害食品 阿魏菇采收技术规程

14. DB65/T 2938—2009　无公害食品 阿魏菇出菇菌袋废料处理技术规程

附录 7

147

15. DB65/T 2939—2009　无公害食品 阿魏菇

16. DB65/T 2940—2009　无公害食品 阿魏菇鲜菇感观质量分级标准

17. DB65/T 2941—2009　无公害食品 阿魏菇保鲜包装技术规程

18. DB65/T 2942—2009　无公害食品 阿魏菇销售环节质量保证技术规程

19. DB65/T 2964—2009　绿色食品 阿魏菇北疆地区温室生产技术规程

20. DB65/T 2968—2009　绿色食品 杏鲍菇北疆地区温室生产技术规程

21. DB65/T 2970—2009　绿色食品 双孢菇北疆地区温室生产技术规程

22. DB65/T 3638—2014　食用菌中农药多残留的测定 液相色谱－串联质谱法